Pinch of Nom

轻食

风靡英国的极简食谱

[英] 凯特·阿林森（Kate Allinson）
凯·费瑟斯通（Kay Featherstone） 编著 伍 月 等译

低热量、强饱腹感、营养搭配均衡的轻食，获得了注重健康饮食或正在进行身材管理人群的青睐。本书介绍了102道轻食料理，包含早餐、假装外卖菜品、快手菜、炖菜和炖汤、烘焙和烤肉、小食和配菜、甜品等，每道菜品材料分量精确，并标注出了准确的准备时间、烹调时间和热量，食材简单，轻松上手，热量明晰。可按照自己的需求选择适合的菜品。

本书可供轻食餐厅、西餐厅、咖啡厅经营者或从业者学习，也可作为正在进行身材管理的美食爱好者的兴趣书。

First published 2019 by Bluebird, an imprint of Pan Macmillan, a division of Macmillan Publishers International Limited.

北京市版权局著作权合同登记　图字：01-2019-7258号。

图书在版编目（CIP）数据

轻食：风靡英国的极简食谱 /（英）凯特·阿林森（Kate Allinson），（英）凯·费瑟斯通（Kay Featherstone）编著；伍月等译. — 北京：机械工业出版社，2023.11

书名原文：Pinch of Nom

ISBN 978-7-111-71931-1

Ⅰ. ①轻…　Ⅱ. ①凯…　②凯…　③伍…　Ⅲ. ①减肥－食谱　Ⅳ. ①TS972.161

中国版本图书馆CIP数据核字（2022）第204516号

机械工业出版社（北京市百万庄大街22号　邮政编码100037）
策划编辑：卢志林　　　　　　责任编辑：卢志林　范琳娜
责任校对：张亚楠　邵鹤丽　　责任印制：郜　敏
北京瑞禾彩色印刷有限公司印刷
2023年11月第1版第1次印刷
190mm×245mm · 17印张 · 182千字
标准书号：ISBN 978-7-111-71931-1
定价：88.00元

电话服务　　　　　　　　　　网络服务
客服电话：010-88361066　　机　工　官　网：www. cmpbook. com
　　　　　010-88379833　　机　工　官　博：weibo. com/cmp1952
　　　　　010-68326294　　金　　书　　网：www. golden-book. com
封底无防伪标均为盗版　　　机工教育服务网：www. cmpedu. com

目录

第 4 章 炖菜和炖汤

第 5 章 烘焙和烤肉

第 6 章 小食和配菜

第 7 章 甜 品

欢迎来到

Pinch OF Nom[㊀]

Pinch of Nom 始于几年前餐桌上的一杯茶。在餐饮界工作了 10 年后，我们建立了一个可以分享食谱的地方。现在，我们的网站上有超过 150 万用户，用户们可以通过网站找到简单的食谱和健康、美味的食物。我们享受着每一刻！

当我们在高压下的餐厅厨房长时间轮班时，总是很容易随手拿一些不健康的食物吃。最终，我们都不得不开始进行身材管理。很快我们就注意到，日常生活中缺乏简单美味的食谱创意——网络也是如此。我们很惊讶有这么多人依赖价格不菲，口味和品种都很单一的“低热量”速食。

一天，凯特的身影消失在厨房中，转而又带着塞满了草莓的芝士蛋糕出现。那款蛋糕如此美味便携，这对我们的瘦身小组是一个巨大的打击。在成功地和朋友们分享了一些食谱之后，我们有了一个小想法。如果我们把这些食谱放到网站上和其他人分享呢？我们希望为普通人创造简单、健康、美味的料理。

我们很震惊有那么多人对这个网站感兴趣。在大约 6 个月内，我们的网站每个月能吸引 6 万多人访问。一开始那个小小的想法变大了，变得比我们想象中还要大得多。

㊀ Pinch of Nom为作者建立的网站，用于分享食谱，网址为www.pinchofnom.com。

“

Pinch of Nom
比我们想象中
还要大得多

”

突然，人们开始重视身材管理了。关注 Pinch of Nom 脸书（Facebook）的人正以惊人的速度增长。随着这一群体的增长，许多还没有达到目标体重的人和那些体重上下摇摆的人意识到自己被大型餐饮公司忽视了。很快，其他人自愿加入我们，组成了一支名为 Pinch of Nom 的团队，我们开始打造一个空间，在这里，那些仍在瘦身征途中的人们（比如我们）和那些已经达成瘦身目标的人们一样重要。

我们希望这本书能够为你提供美味、清淡的食谱，让你不觉得它们像瘦身食品。如果你从“瘦身马车”上掉了队，我们希望你感觉再爬上去也并不难！你可能偶尔会将这本书放在一边，但再捡回来也会很容易。

无论是从管理团队还是从成长起来的社区来看，Pinch of Nom 的规模越来越大。我们每天都不断地被提供给这个平台的所有支持和爱所感动。

这本书的面市离不开我们脸书团体中的每一个成员，网站的每一个访问者以及每一个给 Pinch of Nom 做出贡献的人：团队成员、志愿者、美食品鉴人员和提供了建设性的批评来改善网站上的食谱和内容的评论家。

这本书是写给你的。我们希望你喜欢使用这本书中的食谱，就像我们喜欢把所有这些食谱放在一起一样。

凯特和凯

Healthy RECIPES that we all want to EAT

NOM, NOM, NOM, NOM, NOM, NOM!

健康的食谱

我们一直想吃的

好吃，好吃，好吃，好吃，好吃，好吃！

关于本书

尝起来不像瘦身食品的健康食谱

作为一名受过传统训练的厨师，凯特总是先查看食谱，然后开始研究如何改进或重塑它们。我们共同致力于将我们喜爱的一些菜肴变得更健康，包括将高热量外卖转变为比那些高热量食品更美味的“山寨外卖”。

剔除一些会对食物的热量、脂肪或糖含量产生巨大影响的关键成分。但是这些菜同样美味——特别是当它们被巧妙调味后，风味更胜从前。

22 款历久弥新的大众最爱食谱和 80 款全新食谱

这本书中包含了我们网站上最受欢迎的食谱，除此之外，还有新菜谱，都是全新的充满爱的劳动成果，我们希望你和我们一样爱它们。

快手、常见的食物

本书中的大部分食谱都可以在 30 分钟内做好。简单易做对我们团队来说很重要，我们使用的原料都是经常用到的，能够节省成本。很多厨师都会忘记，并不是每一个普通人家里都有白松露！我们只会在给菜肴增添独特的风味时使用很少的不太常见的配料，并且我们已经不止一次地试验过。这样你的橱柜最里面就不会有一堆积满灰尘的配料了。

Pinch of Nom 家庭厨房的开发和品鉴过程

在 Pinch of Nom 创立之初，我们就认为我们呈现的食谱应该永远是真实的。由于其他很多未经品鉴的“美食”食谱都是摆拍的，我们决定我们的每一个食谱都应该在没有艺术加工的情况下制作、品鉴和拍摄，这就是这本食谱的制作过程。

如何使用这本食谱

日常轻食

我们信奉“一切适度”的准则，考虑到这一点，我们提供的日常轻食食谱都是你随时可以吃到的：它们的热量很低，非常适合每天食用。

你可能会注意到其中一些食谱的热量比在其他地方查到的要高。原因是一些热量被蔬菜和其他符合英国最受欢迎饮食计划的零点式食物的成分“消耗”掉了。

每周放纵

你可以从这部分食谱挑选一两个添加到你的每周膳食计划中，稍微放纵一下，但注意适度。

所有节食的前提应该是你不必错过各种享受晚餐聚会或特殊款待的机会。

特殊场合

我们的特殊场合食谱给你支持！与普通甜点、小吃或零食相比，这一部分的热量更低，与高热量的版本相比它们是首选。然而，上述“凡事适度”的原则也应该遵守。

把这些食谱收藏起来，以供庆祝的时候使用，你猜对了——在特殊场合！

热量和含量

我们的热量数都是按个人食用量计算的。这不包括特定食谱的配餐，如米饭或土豆。我们给出的这些提示只是作为服务性的建议。你可以把米饭和意大利面换成低热量的蔬菜，如花椰菜米饭。

我们没有加入来自主流饮食计划的热量参考数据，因为这些是不断变化的，我们希望这本书一直是不过时的。

我们食谱中的图标

V 适合素食者食用

F 适合冷冻

对于所有可冷冻的食谱，建议完全解冻后再加热。

GF 适合正在进行无麸质饮食的人

美食品鉴

在过去的几个月里，我们网站的两百多名粉丝聚集在一个不对外公开的脸书群组上。书中的每个食谱都经过了 20 个人的品鉴，所有人都提交了反馈和建议。

这一过程对本书的创作至关重要，我们非常感谢这些成员的宝贵意见（你可以在书的最后找到他们的名字）。

关键成分

蛋白质

瘦肉是很棒的蛋白质来源，能够提供必要的营养和日常能量。在所有以肉为原料的食谱中，一定要用最瘦的肉块，并切掉所有可见的肥肉部分。鱼是另一个重要的蛋白质来源，脂肪含量低。我们最喜欢的一句话是：“如果它游泳，它会（使你）变瘦！（If it swims, it slims ）”鱼可以提供人体难以合成的营养，非常适合 Pinch of Nom 的一些超级减肥食谱。书中有 1/3 的食谱是素食，但在我们的食谱中，都可以选择用素食蛋白来代替肉类。

低脂乳制品

把高脂肪的乳制品换成低脂肪的替代品，可以使一道菜立刻变得更健康。我们经常用低脂软奶酪或酸奶代替高脂肪的配料。

罐头

不要害怕批量购买那些必需的罐头制品！豆子、番茄、甜玉米……你会发现，你可以在本书很多炖菜和沙拉的食谱中用到它们。它们降低了制作菜肴的成本，与新鲜蔬菜相比，它们对最终成品的味道几乎没有影响。

冷冻蔬菜

类似地，冷冻蔬菜也能大量应用于食谱中，它们是炖菜等食谱的平替品，炖菜并不一定需要新鲜的蔬菜。

香草和香料

当你把食材改为低脂肪、低糖、低热量的成分时，保持食物吸引力的最好方法之一就是使用香草和香料调味。特别是混合香料，非常适合本书中的许多食谱。不要有所顾忌，不是所有香料都会破坏你的味觉！比如，我们在很多食谱中使用脱水大蒜粒，它们是慢炖菜中新鲜大蒜的平替品，使用方便，你分辨不出两者的区别。

速食汤底

我们最喜欢的配料之一是低价的速食汤底。它们添加了即时的味道，用途广泛。本书中使用了各种各样的汤底，它们都是可以互换使用的。现代最天才的发明之一就是红葡萄酒和白葡萄酒汤底！在大多数超市都可以买到，它们可以为食物添加令人惊叹的层次感，并且避免了葡萄酒的热量。但愿有方法能从真正的红酒中去掉热量……

食醋

味道是相互平衡的。当你从一道菜肴中去掉脂肪时，就会减少它的风味。大多数人只是简单地加一些辣味来抵消脂肪味的不足，但菜肴的酸度水平也非常重要。例如，法式香醋炖鸡（见 146 页），这道食谱就真正展示了优质的醋可以带来一道味道均衡的菜肴，味道丰富，令人印象深刻。

柠檬和青柠

柑橘类水果在调味方面有很好的效果。它们是需要额外“活力”食谱的完美添加品，如亚洲冷面沙拉（见116页）这道食谱。

玉米卷饼

卷饼是一种奇妙的、多功能的原料。为了增加膳食纤维和更多的饱腹感，可以选择全麦或者全谷物的卷饼。卷饼创造出很多奇迹，你会惊讶于那些用玉米卷饼再创的疯狂菜肴，甚至可以用它们来代替油酥小点心！

全麦面包

全麦面包是很不错的膳食纤维来源，它提供了重要的饱腹感，可以直接使用，也可以弄成面包屑，制成肉类或苏格兰蛋的外壳（金枪鱼苏格兰蛋，见230页）。

豆类和米饭

一罐罐的豆子是橱柜里理想的食材，它们的蛋白质和膳食纤维含量都很高。米饭真的能让人很满足，当用香料或调味料调味时，它就成为我们许多食谱的绝佳搭配。

燕麦

它是一种主食，是一种非常棒且高性价比的配料，可以在我们的“胡萝卜蛋糕隔夜麦片”中尝试一下（见44页）。如果将燕麦磨成粉，也可以作为填充成分代替面粉。

鸡蛋

鸡蛋富含蛋白质，美味多变，是减肥中终极且令人满意的成分。你可以把它们作为黄油的替代品，如“懒人土豆泥”这道食谱（见212页）；或者作为蛋白质的重要来源，如北非蛋（见106页）。一盒鸡蛋一定是你家中的常备品。

低卡喷雾油

减少食用油脂的最佳方法之一是使用低卡喷雾油。它对大多数食材的烹调方式没有什么影响，但对热量的影响很大，因为烹调需要的油量往往比往锅里倒入的量少很多。你也可以使用橄榄油喷雾，只是要注意使用量，以减少热量。

甜味剂

我们在一些食谱中使用甜味剂。虽然我们平时很少使用它，但你可以在食谱中少加一点，这取决于个人的口味。也可以使用天然的替代品，如甜菊或龙舌兰，但要注意，食谱热量可能会随着这些添加物的变化而变化。

无麸质面包

我们在一些食谱中使用不含麸质的夏巴塔面包。它们热量较低，膳食纤维含量高，在你进行低热量饮食时，可以完美平衡你的饮食。它们可以在室温中保存一段时间。如果你在最后一分钟改变用餐计划，它们也不会浪费，可以把它们保存到下一餐！

常用厨具

平底不粘锅

如果让我们推荐厨具，那就是一套不错的不粘锅。平底锅的不粘涂层质量越好，烹调食物时所需的食用油和脂肪就越少。同时要好好保养平底锅——用清洁剂轻柔地仔细刷。

量勺

想要确定你在菜里加入了 1 茶匙辣椒粉，而不是半茶匙？量勺是厨房用品中最有用的工具。特别是当你犯过上述错误的时候，我们就从来不会犯这种错。从来没有。

抹刀

你需要抹刀的使用说明吗？你只需要知道这是一个基本装备。如果你没有，赶紧准备一把！你会惊讶地发现它的多种用途，甚至可以用它转移待冷却的烘焙品，如贝克威尔挞（见 244 页）。

食物料理机 / 搅拌机 / 手持搅拌机

我们的许多食谱都需要从头开始制作美味可口的酱汁，所以一个像样的搅拌机或食物料理机是天赐之选！如果你想买更便宜或性价比更高的工具，也可以选择手持搅拌机。

研磨器

精细研磨器是一项令人感到惊奇的发明。你不会相信用精细磨碎器磨碎芝士和用标准磨碎器磨碎芝士的区别。例如，大约 45 克的芝士在使用精细研磨器时可以很容易地覆盖整个烤盘。使用精细研磨器更容易保持低热量，可以让奶酪的面积铺得更大！

磨刀器

没有什么比用勺子把奶油南瓜切成小块更糟的了。若你的菜刀不够锋利，你会重现这段经历。让菜刀保持锋利吧！磨刀器会帮你节省很多时间和精力。

保鲜盒或塑料盒

这本书中的大多数食谱都是可冷藏的，非常适合分次烹调。当你打算做饭的时候，提前计划就容易多了，所以买些像样的保鲜盒来储存它们吧！

烤碗

烤碗有助于控制分量，经常用来制作甜点和烘焙。

烤盘和活底蛋糕模具

使用烤盘时，用油纸或锡纸铺在底部，可以使它们保持长久的良好状态。在我们的鸡肉法吉塔派（见 74 页）食谱中，你需要一个活底蛋糕模具，虽然这只是一道食谱，但你会一次又一次地想要不断制作——相信我们！

压泥器

在各种食谱中都会用到，你需要一个像样的压泥器，以确保你不会每次想要给食材压泥时就感到肌肉紧张！

慢炖锅 / 压力锅

这些都是可选的，而非必需，但我们绝对会喜欢它们。只要你把原料扔进锅里就可以了，这有多简单？电压力锅和慢炖锅非常适合家庭快速用餐，你也不用在旁边看着。另外，不要被忽悠，以为你必须购买昂贵的肉块才能获得最佳的效果。便宜的肉块通常会在慢煮或压力下变得更美味、更嫩，这对味道和钱包都是一种奖励！我们的许多食谱，包括羊肉古拉奇（见 153 页），都包括了使用慢炖锅或压力锅的烹饪方式，但如果你没有这些锅，我们也介绍了传统的方法。

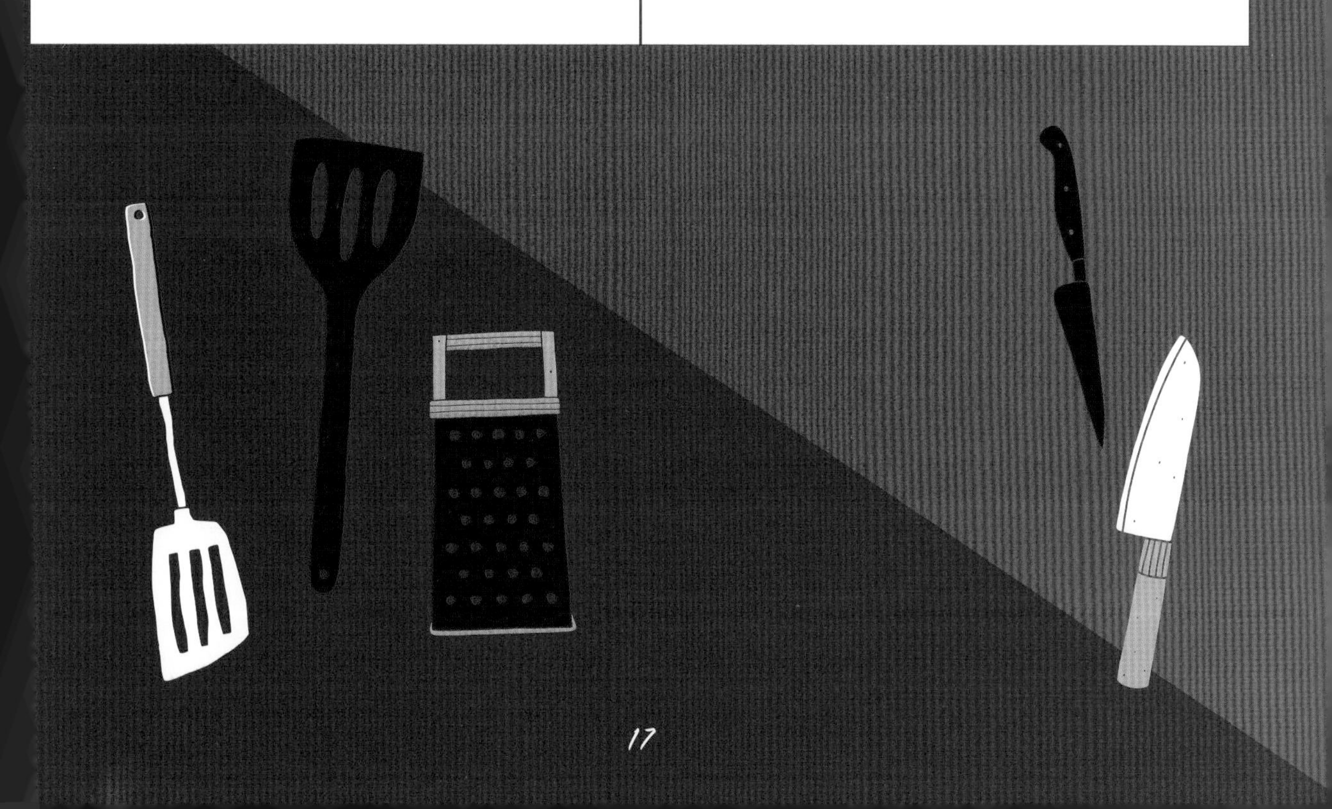

RECIPES
that work
EVERY
single time

每天都可以做的美食

第1章

Breakfast

早餐

肉桂苹果松饼

10 分钟 | 10 分钟 | 341 千卡[㊀] / 份

由于使用了燕麦，再加入一些面粉，这种松饼比传统的松饼更令人满意，而且热量要少得多。再加上香料和水果，用这道放纵又美味的早餐开启自己新的一天吧。

每周放纵

1 人份

40 克燕麦
$1\frac{1}{2}$ 个苹果， 1 个碾碎，1/2 个切片备用
50 毫升脱脂奶
1/4 茶匙肉桂粉
1 茶匙粒状甜味剂，额外再准备一点
2 个中号鸡蛋，打发
2 汤匙脱脂酸奶
低卡喷雾油
新鲜的浆果（蓝莓或其他），用于装饰

1. 把燕麦放入食物料理机或搅拌机里搅拌，直到完全碾碎（如面粉一样）。将 40 克燕麦粉倒入碗中，加入 40 克碾碎的苹果、脱脂奶、肉桂粉、甜味剂和打发的鸡蛋，混合均匀成松饼面糊，静置备用。
2. 把脱脂酸奶、剩下的苹果碎和一点甜味剂放在碗里混合均匀。
3. 在平底锅中喷上一些低卡喷雾油，中火加热。
4. 用勺子舀4份等量的松饼面糊到平底锅里，确保它们不会相互粘连（如果你的锅不够大，分两批制作）。加热1~2分钟，直到顶部开始凝固，底部呈金棕色，然后小心地将松饼翻面，再煎几分钟，或者直到底部着色，松饼熟透。
5. 取出装盘，在松饼上放一些新鲜的苹果片和浆果，如蓝莓，再放上步骤 2 的混合物。

㊀ 1千卡=4.184千焦耳。

英式卷饼

10 分钟 | 10 分钟 | 220 千卡 / 份

用这款鸡蛋饼卷上丰盛但低脂的经典早餐配料，将彻底改变你的早午餐……让我们诚实一点……和你的晚饭后小吃！这感觉像是一次款待，但你醒来时不会感到内疚。好吧，至少你对昨晚吃了什么没有内疚感！

每周放纵

1 人份

1 个中号鸡蛋
海盐和现磨的黑胡椒碎
低卡喷雾油
2 朵口蘑，切片
1 片圆培根，切丁
4 个樱桃番茄，每个 4 等份（或 3 汤匙茄汁焗豆）
1 根低脂香肠，煎熟并切片
10 克低脂切达芝士，擦碎

1. 鸡蛋打散，加海盐、黑胡椒碎调味，静置备用。
2. 在平底锅上喷一些低卡喷雾油，中火加热。加入口蘑片、培根丁和樱桃番茄，炒几分钟。在培根熟透之前，加入熟香肠和焗豆（如果使用焗豆而不是番茄）。培根熟透后，把锅离火，盛出放置一边。
3. 在干净的平底锅上喷一些低卡喷雾油，小火加热，倒入鸡蛋液。调大火，煎至蛋液的表面凝固，然后将蛋饼翻面，加热另一面。蛋饼很薄，只需要几分钟就可以熟透。
4. 从平底锅中取出蛋饼，放在盘子上，将馅料铺在蛋饼上。撒上芝士碎，然后卷起或折叠，切成两半即可食用。

培根土豆小葱烘蛋

10 分钟 | 10~15 分钟 | 249 千卡 / 份

培根、小葱和土豆的经典组合，在这道制作简单的西班牙烘蛋中效果很好。土豆使它看起来很丰盛，鸡蛋提供了一些蛋白质来增加饱腹感，少量的芝士使它超级美味。

日常轻食

4 人份

200 克中号土豆，削皮切块
海盐和现磨的黑胡椒碎
低卡喷雾油
1 个洋葱，切片
6 片圆培根，切丁
6 根小葱，切碎
8 个中号鸡蛋
4 克新鲜欧芹，切碎
40 克低脂切达芝士，擦碎

1. 烤箱预热至 220℃。
2. 把土豆块放在煮沸的盐水中煮软，然后沥干冷却。
3. 在平底锅中喷一些低卡喷雾油，中火加热。放入洋葱，炒几分钟至变成棕色，然后加入培根丁，继续炒 3 分钟，直到培根差不多全熟。再加入小葱，炒 1 分钟。
4. 鸡蛋放入碗里打匀，用少许海盐和黑胡椒碎调味。
5. 洋葱和培根炒熟后，在锅中加入煮熟的土豆和切碎的欧芹。倒入打好的鸡蛋液，加热 2 分钟，然后将芝士碎均匀地撒在上面，将平底锅放入烤箱中烤 10~15 分钟，直到鸡蛋完全熟透，芝士熔化。如果你想要芝士的口感稍微脆一点，可以把它放在烤架下面。
6. 从烤箱中取出即可食用。

小贴士

也可以用 200 克新鲜的带皮土豆切成大块制作。

奶油蘑菇普切塔

5 分钟 | 10 分钟 | 164 千卡 / 份

我们对这道菜赞不绝口！这是我们最快、最简单的食谱之一，是想偷懒的时候作为早餐、晚餐和聚会的绝佳选择。这道菜用的配料比较少，味道却棒极了。

每周放纵

2 人份

低卡喷雾油
250 克口蘑，切厚片
2 瓣蒜，切片
2 个无麸质夏巴塔面包
25 克低脂奶油奶酪
1 汤匙新鲜罗勒，切碎
海盐和现磨的黑胡椒碎
1 根细香葱，切碎

1. 在煎锅上喷上低卡喷雾油，中小火加热。放入口蘑，轻炒几分钟，直到它们开始变软，然后加入蒜片，再炒 3~4 分钟，直到口蘑跟蒜片都变软。
2. 同时，把夏巴塔面包切成两半，烤至金黄色。把它们放在两个盘子里。
3. 将奶油奶酪放入煎锅中，用小火将其与口蘑混合，然后加入罗勒，用海盐和黑胡椒碎调味。
4. 在烤好的夏巴塔面包上面放上奶油蘑菇混合物，撒上细香葱享用。

早餐麦芬

15 分钟 | 20 分钟 | 66 千卡 / 份

这款麦芬是我们的主打产品，非常适合在午餐或野餐前提前制作，而且它的基础原料非常常见。我们提供了 3 种经典的做法——每种原料都可以做出 4 个麦芬——你也可以在里面添加任何你喜欢的蔬菜。

日常轻食

可制作 12 个

基础搭配

低卡喷雾油

12 个中号鸡蛋

海盐和现磨的黑胡椒碎

蒜蓉蘑菇麦芬

6 朵口蘑，切片

2 瓣蒜，切碎

1 撮新鲜欧芹，切碎

菠菜红椒麦芬

1 把菠菜，切碎

1/2 个红椒，切片

1 茶匙烟熏甜椒粉

西蓝花红洋葱黑椒麦芬

1 把西蓝花，煮熟切碎

1/2 个红洋葱，切片

现磨黑胡椒碎

1. 烤箱预热至 180℃，然后在 12 孔麦芬盘上喷一些低卡喷雾油。
2. 鸡蛋放入碗里打匀，加海盐和黑胡椒碎，静置备用。
3. 制作蒜蓉蘑菇麦芬：在小平底锅上喷一些低卡喷雾油，中火加热，再加入口蘑片和大蒜，炒 4 分钟，直到口蘑变软，水分蒸发掉为止。把口蘑和大蒜平分在 4 个麦芬孔中。
4. 制作菠菜红椒麦芬：将切好的菠菜分别放在 4 个麦芬孔中，撒一点海盐，然后把切好的红椒放在菠菜上。
5. 制作西蓝花红洋葱黑椒麦芬：将煮熟的西蓝花碎和红洋葱片平分在剩余的麦芬孔中。
6. 把步骤 2 的鸡蛋液倒进每个麦芬孔中。蒜蓉蘑菇麦芬上面放一些欧芹碎，菠菜红椒麦芬上面放甜椒粉，西蓝花红洋葱黑椒麦芬上面撒一些黑胡椒碎。
7. 把麦芬放在烤箱里烤 20 分钟。趁热或者冷却后食用皆可。

枫糖培根法式吐司配水果

5 分钟 | 10 分钟 | 518 千卡 / 份

法式吐司通常被认为是一款正餐菜品，很难相信你能在减肥的同时享用这个。不过，只要用一点枫糖浆和一些咸味瘦肉培根，这顿早餐就美味可口，规避了传统法式吐司的热量。

特殊场合

1 人份

4 片圆培根
2 个中号鸡蛋，打发
1 茶匙粒状甜味剂
1 片全麦面包，切成 4 个三角形
低卡喷雾油
1 把蓝莓，或其他你想选择的水果
1 汤匙枫糖浆

1. 把培根煎到你喜欢的脆度。
2. 在碗里加入打发好的鸡蛋，再加入甜味剂，搅拌均匀，然后将每片三角面包浸泡在甜蛋液中。
3. 在不粘锅上喷一些低卡喷雾油，然后大火加热。把三角面包放进不粘锅里，中火煎 2~3 分钟，直到面包变成金黄色，然后小心地翻面，再煎 2~3 分钟。当另一面也变成金黄色时，把它从锅里取出，和培根一起放在盘子里。
4. 在上面放上蓝莓或其他水果，淋上枫糖浆，即可食用。

Made the

HASH BROWNS

DELICIOUS

制作薯饼
它们真的很好吃

贝卡

我喜欢英式卷饼，它是早餐赢家！

尼古拉

我们已经做了两次培根土豆小葱烘蛋用作早餐！

艾玛

薯饼

10 分钟 | 40 分钟 | 77 千卡 / 份

这款薯饼的味道和传统做法做出的炸薯饼一样好，但因为用低卡喷雾油烤而不是用高热量的一锅油来炸，所以它们要健康得多。它们是完美减肥早餐的首选！你可以批量制作，冷冻保存，需要烘烤的那一天再解冻。

日常轻食

8 人份

低卡喷雾油

4 个大号烤土豆，去皮

1 茶匙洋葱粒

1 个中号鸡蛋

2 茶匙黄原胶

1/2 茶匙盐

煎鸡蛋，用于配餐（可选）

1. 烤箱预热至 190℃，在烤盘上放上烘焙纸，并喷上低卡喷雾油。
2. 将土豆粗略地挤压成泥，放入一个大碗中，加入剩下的所有配料，混合均匀，然后把土豆混合物做成 8 个扁平的三角形（如果你喜欢的话，也可以做成圆形），再喷上低卡喷雾油（你可以在这时把它们冷冻起来，冷冻之前，在每一个薯饼之间放一张烘焙纸，这样下次吃的时候就能很容易把它们分开）。
3. 将薯饼放在烤盘上，放入烤箱烤25分钟。在薯饼表面喷上低卡喷雾油，然后将薯饼翻面，喷另一面，再烤15分钟。
4. 如果你喜欢，可以直接把烤箱里的薯饼和煎蛋一起端上来（但别忘了计算热量）。

小贴士

黄原胶是将所有原料稳定混合的媒介，是麸质的代替品，你可以在超市的无麸质食品区域找到它。

卷蛋饼

10 分钟 | 10 分钟 | 234 千卡 / 份

一旦你做过这种蛋卷，你就会对它念念不忘！这是一种日常主食，也是享受鸡蛋美味的好方法，制作这道菜是如此迅速、简单，也很容易加入各种馅料。这个版本的卷蛋饼填充了一种美味且富含蛋白质的墨西哥风味馅料，是一道美味的冷餐，非常适合作为午餐便当携带。

每周放纵

1 人份

1 个中号鸡蛋
海盐和现磨的黑胡椒碎
辣酱
低卡喷雾油
1/2 个小号紫皮洋葱，切片
1/2 个红椒，切片
1 撮脱水蒜粒
200 克罐装混合豆子，沥水洗净
20 克低脂切达芝士，擦碎
1 撮新鲜香菜，切碎

1. 把鸡蛋打散，加海盐、黑胡椒碎和少许辣酱调味。静置待用。
2. 在平底锅上喷一些低卡喷雾油，中火加热。将洋葱片、红椒片、黑胡椒碎、蒜粒、豆子和一点辣酱加入锅中，加热 4~5 分钟，直到洋葱变熟。然后将芝士加入锅中搅拌至熔化，关火盛出并放置一边待用。
3. 在一个干净的不粘锅上喷上一些低卡喷雾油，大火加热，倒入打好的鸡蛋液，旋转平底锅，使鸡蛋液均匀地覆盖在锅底表面，直到蛋饼的顶部凝固。把蛋饼翻过来，煎熟另一面。蛋饼很薄，所以只需要几分钟即可完成。
4. 从平底锅中取出蛋饼，然后将馅料撒在蛋饼的半边，再在上面撒一点切碎的香菜。卷起或折叠蛋饼，切成两半即可食用。

柠檬蓝莓烤燕麦

5 分钟 | 35~40 分钟 | 440 千卡 / 份

烤燕麦是一种吃起来很舒服并且有饱腹感的早餐。这是我们网站上最受欢迎的风味烤燕麦食谱之一。它也经常被当作甜点——因为吃起来是如此特别。

每周放纵

1 人份

40 克燕麦
175 克脱脂酸奶
1 茶匙香草精
3/4 汤匙粒状甜味剂
1/2 个柠檬榨汁并将皮擦碎
2 个中号鸡蛋（如果你喜欢口感干一些，可以只用 1 个中号鸡蛋）
50 克蓝莓

1. 烤箱预热至 200℃。
2. 把所有的原料放进一个碗里（保留1/4的蓝莓），搅拌直到混合均匀。将混合物倒入一个小的耐热深盘里，然后将剩余的蓝莓放在顶部。
3. 将耐热深盘放在烤盘上，这样你就不会因为它受热膨胀后将烤箱弄脏，烤 35~40 分钟。
4. 从烤箱中取出，趁热食用。

小贴士

你可以将烤好的燕麦在冷却后密封冷藏。下次再吃的时候用微波炉轻微解冻即可。

Nom

好吃

NOM

好吃

NOM

好吃

胡萝卜蛋糕隔夜麦片

5 分钟 | 无须加热 | 318 千卡 / 份

燕麦有天然的饱腹感，这意味着它们是完美的早餐。这道简单的食谱可以在前一天晚上做好，第二天早上可以直接吃，非常适合快速、轻松地开始新的一天。以一顿令人满足的饭菜开始新的一天，这意味着你不太可能在午餐前再去伸手拿抽屉里的零食。你也可以使用无麸质的谷物来做这道早餐，如 Oatibix 燕麦。

每周放纵

1 人份

40 克燕麦或者 2 块压碎的维他麦（Weetabix）燕麦条
175 克香草味脱脂酸奶（或者 175 克脱脂原味酸奶，加 1/2 茶匙香草精和 1/2~1 茶匙粒状甜味剂）
1 根小胡萝卜，切成丝
1/4 茶匙混合香料
1 小撮姜粉
1 小撮肉桂粉

1. 把燕麦或维他麦燕麦条放在大玻璃瓶或带盖子的广口瓶里，用勺子舀入酸奶，再放入3/4的胡萝卜，然后再加入香料。
2. 充分搅拌至完全混合，盖上盖子，在冰箱中冷藏一夜。
3. 第二天一早取出搅拌，在上面放上剩余的胡萝卜丝，然后就可以开动了。

FAKEAWAYS

假装外卖菜品

坦都里烤鸡肉串

5 分钟（包括腌制的时间） | 30 分钟 | 236 千卡 / 份

坦都里烤鸡肉传统做法是在传统烤炉中烤制用酸奶和香料腌制而成的鸡肉。不过，我们觉得用室外烧烤炉也能达到同样的烧烤效果。在雨天，你还可以毫无忌惮地使用烤箱。那些腌料真的使鸡肉又嫩又美味。

日常轻食

使用无麸质酱油

4 人份

250 克脱脂希腊酸奶，额外再准备一点（可选）
4 汤匙坦都里混合香料
1 个蒜瓣，细细磨碎
1 汤匙姜末
1/2 个柠檬，榨成汁
1 茶匙老抽
1/2 茶匙盐
一两滴红色食用色素
600 克鸡大腿肉，切大块（鸡皮和可见的脂肪都去掉）

搭配食用

沙拉用绿色蔬菜

1. 把所有材料（除了鸡肉）放进碗中充分搅拌。将鸡肉加入混合好的酸奶腌料中，盖上盖子，放入冰箱冷藏 2~4 小时。
2. 给户外烤架点火或烤箱预热至 200℃。
3. 把鸡肉从冰箱里取出，穿在扦子上（可以用金属扦或竹扦，但要先把竹扦浸泡在水中，防止烧焦）。
4. 烤肉串放在烤架上烤 30~35 分钟，直到鸡肉熟透。如果你使用烤箱制作，按照上面的步骤穿好鸡肉，把鸡肉串放在烤盘上，放入烤箱烤 35~40 分钟，直到烤熟为止。
5. 如果需要的话，可以把烤肉串和沙拉以及额外准备的酸奶一起端上来（但别忘了计算热量）。

小贴士

你可以把腌好的鸡肉串放在盘子里冷冻，只需在想吃之前稍微解冻再烤制即可。

鸡肉巴尔蒂锅菜

15 分钟（包括腌制的时间） | 30 分钟 | 373 千卡 / 份

用新鲜的食材来制作这份美味的巴尔蒂锅菜，意味着你可以得到正宗的外卖口味，同时控制热量。多制作一些酱汁，分份冷冻，这样每当你突然想点印度风味外卖的时候，家中就有一个简单的“印度风味基地”。

日常轻食

使用无麸质速食汤底

4 人份

4 块鸡胸肉（鸡皮和可见的脂肪都去掉），切方块
1 根肉桂或者 1 茶匙肉桂粉
1/2 茶匙干辣椒碎
150 毫升鸡肉高汤（可以将 1/2 块鸡肉速食汤底溶解于 150 毫升沸水中）
1 罐 400 克番茄罐头
1 块鸡肉速食汤底
1 个红色甜椒，去籽切成条
1 个黄色甜椒，去籽切成条
1 个橙色甜椒，去籽切成条
海盐（可选）
1 茶匙玛莎拉（Garam）咖喱粉

酱汁
低卡喷雾油
2 个大号洋葱，切碎
1 小块姜，去皮切碎
2 个蒜瓣，切碎
1 茶匙姜黄粉
1/2 茶匙干辣椒碎
2 汤匙烟熏甜椒粉
2 茶匙孜然粉
2 茶匙香菜碎
1 茶匙肉桂粉
1 茶匙海盐
1/2 茶匙现磨的黑胡椒碎
3 汤匙番茄酱

搭配食用（可选）
1 把新鲜香菜叶，切碎
洋葱巴吉（见 204 页）
米饭

1. 首先开始制作酱汁。在煎锅中喷上适量低卡喷雾油，中火加热。将洋葱、姜和大蒜放入锅中，炒 3~4 分钟，直到洋葱变成金黄色。
2. 把步骤 1 炒好的原料和剩下的酱汁原料放进食物料理机或搅拌机里，快速搅拌，直到形成糊状的混合物。将混合物放到一个碗中，冷却后放进冰箱，如果你是预先制作酱汁，可以把它放在冰格中冷冻。
3. 把鸡胸肉放在密封袋或碗里，加入 4 汤匙酱汁，搅拌均匀，放入冰箱中腌制 1 小时左右。
4. 在一个大煎锅中喷上适量低卡喷雾油，中火加热。加入肉桂和干辣椒碎炒2分钟，然后在锅里喷入更多低卡喷雾油，再加入4汤匙酱汁，继续加热2分钟。加入鸡肉高汤、番茄罐头和鸡肉速食汤底，充分搅拌，大火煮沸，然后改中火，加入腌好的鸡胸肉和甜椒条，煮15分钟。
5. 尝尝味道，可以依照你的口味再加点海盐，然后检查一下鸡肉是否熟透。拌入玛莎拉咖喱粉，再煮 3 分钟，如果喜欢的话，最后也可以用香菜装饰。搭配洋葱巴吉、米饭食用。

快炒蘑菇鸡肉

10 分钟 | 20 分钟 | 274 千卡 / 份

我们收到的最常见的要求之一就是快速简单的假装外卖食谱。这道中式蘑菇鸡肉是我们的经典假装外卖食谱。有了新鲜的配料和正宗的酱油和蚝油香味，你再也不用叫外卖了。

日常轻食

2 人份

低卡喷雾油
1 个洋葱，切片
2 块鸡胸肉（鸡皮和可见的脂肪都去掉），切方块
1 个红色甜椒，去籽切成条
1 个绿色甜椒，去籽切成条
1 把西蓝花
1 个蒜瓣，压碎
1/2 茶匙细细切碎的姜末
6 根小葱，切碎
1 把玉米笋，切碎
200 克口蘑，切片
4 汤匙酱油
2 汤匙蚝油
2 汤匙米醋（或者白酒醋加一点甜味剂）
1/4 茶匙现磨的黑胡椒碎
250 毫升牛肉高汤（可以将 1 块牛肉速食汤底溶解于 250 毫升沸水中）

搭配食用
米饭或面条

1. 往炒锅或大号煎锅中喷入适量低卡喷雾油，中火加热。
2. 加入洋葱、鸡胸肉、甜椒、西蓝花、蒜末和姜末，炒 3 分钟，直至洋葱和甜椒开始变软。然后加入小葱、玉米笋和口蘑，翻炒 3 分钟，直到它们轻微变色为止，再加入酱油、蚝油、米醋和黑胡椒碎。
3. 把牛肉高汤倒入锅中，搅拌均匀，大火收汁。检查一下鸡肉是否熟透，最后搭配米饭或面条一起食用。

沙嗲鸡肉

20 分钟 | 30 分钟 | 293 千卡 / 份

这道配料丰富的菜看起来有点让人望而生畏，但我们保证，这一点额外的努力是值得的。这些食材大多都是你可能已经藏在储藏柜中的现成食材。巧妙地使用脱水花生粉代替高脂肪的花生酱，它可以马上去掉正常花生酱的脂肪含量，而味道却大致相似。

每周放纵

使用无麸质酱油

6 人份

1/2 个洋葱，切片
4 块鸡胸肉（鸡皮和可见的脂肪都去掉），切方块
2 根中号胡萝卜，切丁
1 把西蓝花
100 克荷兰豆
1 个红色甜椒，去籽切片
1 个黄色甜椒，去籽切片
4 根小葱，切碎
1 汤匙生抽
米饭，搭配食用

酱汁原料

低卡喷雾油
1/2 个洋葱，切碎
3 个蒜瓣，切碎
拇指大小的姜，去皮切碎
1 个红辣椒，切碎（如果你喜欢更辣一些，可以保留辣椒籽）
1/4 茶匙孜然粉
1/2 茶匙香菜碎
1 汤匙姜黄粉
3 汤匙生抽
1 汤匙鱼露或伍斯特沙司
3 汤匙粒状甜味剂
600 毫升椰子水，可长时间保存
4 茶匙低脂花生粉
海盐适量
2 汤匙玉米淀粉

1. 首先制作酱汁，在平底锅中喷适量低卡喷雾油，中火加热，加入洋葱、大蒜、姜和红辣椒，炒4~5分钟，直到洋葱变软。加入干的香料，搅拌1分钟，然后加入除玉米淀粉以外的所有其他酱料，中火加热10分钟，然后用手持搅拌机（或倒入搅拌机、食物料理机）搅拌至光滑并将酱汁倒回锅中。
2. 大火，将玉米淀粉与少许水混合，倒入酱汁中搅拌至浓稠，然后关火备用。
3. 制作沙嗲鸡肉，在锅中加入适量低卡喷雾油，大火，加入洋葱和鸡胸肉，炒 5 分钟，直至洋葱变软。接下来加入其他蔬菜和生抽，翻炒几分钟，然后加入酱汁。
4. 小火炖 10 分钟，确保鸡肉熟透。
5. 搭配米饭食用。

费城芝士牛肉三明治

5 分钟 | 10 分钟 | 375 千卡 / 份

美味的费城芝士牛肉三明治是我们无法忘记的至爱，所以我们决定重新制作这道经典菜肴。使用不含麸质的夏巴塔面包，改良后的基底酱汁也可以避免热量过多。别担心，它仍然会给你一个美味、放纵的费城芝士牛肉三明治，满足你的渴望！

每周放纵

2 人份

150 克牛排（去掉所有可见的脂肪），切成很薄的片
海盐和现磨的黑胡椒碎
低卡喷雾油
4 朵口蘑，切片
1/2 个洋葱，切片
1/2 个甜椒（红色、绿色或黄色），去籽切片
75 克可涂抹低脂芝士
2 个无麸质夏巴塔面包，纵向切开

1. 把牛排用海盐和黑胡椒碎调味，放在一边腌制 1 分钟。
2. 在不粘锅中喷一些低卡喷雾油，大火加热，加入牛排片煎 3~4 分钟，或到其熟透为止。把它们从锅中取出来，放到碗中。
3. 在锅中再喷一些低卡喷雾油，然后加入口蘑、洋葱和甜椒，炒 3~4 分钟直到它们变软。关火取出。
4. 在牛排上抹上芝士，涂抹均匀，然后将牛排和步骤 3 炒好的蔬菜一起放入锅中搅拌均匀。
5. 在两个夏巴塔面包中加入等量的牛排蔬菜，再盖上顶部的面包，即可食用。

鸡肉咖喱

5 分钟 | 30 分钟 | 181 千卡 / 份

偶尔，我们会涌起对印度美食的极大渴望。我们都希望有机会从头开始制作咖喱酱汁和混合香料。但其实我们更需要的是一个快速、简单的咖喱食谱，可以在几分钟内就搞定。这就是一个这样的食谱。它非常美味，制作起来又非常迅速，相信它很快就会成为你的日常晚餐。

日常轻食

4 人份

低卡喷雾油
1 个大号洋葱，切片
450 克鸡胸肉（鸡皮和可见的脂肪都去掉），切方块
3 个蒜瓣，压碎
400 毫升水
3 汤匙咖喱粉
2 茶匙姜黄粉
1 汤匙番茄酱
海盐和现磨的黑胡椒碎

搭配食用（可选）
咖喱角（见 224 页）
米饭

1. 在一个大号煎锅中喷上低卡喷雾油，中火加热。加入洋葱，炒 2 分钟至变软，然后加入鸡块，继续炒 5 分钟，至鸡肉颜色变深。
2. 将大蒜放入锅中炒 1 分钟，然后加入所有其他配料。水应该刚好盖过鸡肉，可能会有一点偏差，这取决于你的锅的大小。
3. 慢慢炖煮 20 分钟。
4. 把火调大，再加热 5 分钟，记得要不时搅拌一下，以确保咖喱不会粘在锅底上，这样会使酱汁逐渐变得浓稠。
5. 配上你选择的主食享用这美味的咖喱吧。

小贴士

用这道咖喱食谱制作切块的羊肉（去掉可见的脂肪）也非常棒。

鱼肉塔可

5 分钟 | 10 分钟 | 190 千卡 / 份

这是一道清淡可口的菜肴，完美呈现了白色鱼肉本身的滋味，同时用辣椒和小葱来传递美妙的新鲜味道。塔可适合任何场合食用——尤其适合喜欢自己搭配食物的孩子，以及想要一顿速食的大人。

日常轻食

使用无麸质卷饼

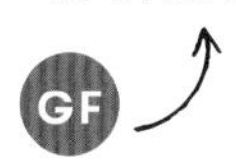

2 人份

2 小块白色鱼排（大约 280 克）最好带皮，切成大约 3 厘米宽的条状
1/4 茶匙辣味较柔和的辣椒粉
1/4 茶匙大蒜粒
1/4 茶匙香菜末，另准备一些香菜叶
低卡喷雾油
1 撮盐
1 小把豆瓣菜或芝麻菜
1 根小葱，切碎
2 张低卡墨西哥玉米饼，对半切开（或者准备 4 张小一点儿的饼）
青柠角
4 茶匙脱脂希腊酸奶，可以多准备一点搭配食用（可选）
1 小撮干辣椒碎

1. 把鱼排条放在菜板上，准备约 8 条，有皮的一面朝上，撒上辣椒粉、大蒜粒和香菜末。
2. 在平底锅中喷上低卡喷雾油，大火加热。把鱼排条放进锅里，鱼皮朝下，煎 4 分钟，如果你想要鱼皮变得酥脆，不要翻动鱼排条，也不要移动它们。
3. 在鱼排条表面喷上低卡喷雾油，然后把鱼排条翻面。撒上盐，煎2分钟。
4. 同时，把你选择的叶菜、香菜叶和切碎的小葱放在每片玉米饼上。
5. 鱼排煎熟后，在每个准备好的玉米饼上放几条鱼排条，挤上一点青柠汁，加入一些脱脂希腊酸奶，在每个玉米卷上再加一点干辣椒碎，上桌食用。

小贴士

这道菜最好使用带皮的鱼肉，鱼皮能添加酥脆的口感，还给鱼肉添加了特别的纹理。

印度香料烩饭

15 分钟 | 10 分钟 | 302 千卡 / 份

充满香味的印度香料烩饭是一种具有味觉冲击力的米饭。它用许多蔬菜制成，是一顿健康且令人满意的大餐。其中的鸡蛋既能提供蛋白质，又能为烩饭增添一层不同的口感质地。

日常轻食

使用无麸质速食汤底

4 人份

低卡喷雾油
200 克印度香米
2 个蒜瓣，细细切碎
1 汤匙中细咖喱粉
625 毫升蔬菜高汤（可以将 1 个蔬菜速食汤底溶解于 625 毫升沸水中）
1 个橙色甜椒，去籽切片
6 根小葱，切碎
50 克甜豆荚，每个切成 3 段
100 克西蓝花，切成小朵
100 克花椰菜，切成小朵
50 克冻豌豆
50 克甜玉米粒（罐装沥水的或冷冻的）
1 把切碎的新鲜香菜
3 个中号鸡蛋
1/2 个柠檬榨成汁
海盐和现磨的黑胡椒碎

1. 在平底锅中喷一些低卡喷雾油，中火加热，加入香米、大蒜和咖喱粉，翻炒1~2分钟，然后加入蔬菜高汤。将所有原料充分搅拌后，调小火，盖上盖子，按照香米包装上的煮制说明，焖10~15分钟。当米饭煮熟并且所有的汤汁都被吸收时，米饭就做好了。
2. 煮米饭的同时，在平底锅或炒锅里喷洒一些低卡喷雾油，中火加热，然后加入所有的蔬菜，炒 10 分钟左右，不断搅拌，注意不要炒过头，这样可以保持蔬菜的口感。
3. 米饭煮熟后，拿开锅盖，加入煮熟的蔬菜，拌入大部分香菜，然后把盖子盖上保温。
4. 把鸡蛋放在碗里打匀，加海盐和黑胡椒碎调味。
5. 在干净的平底锅中喷一些低卡喷雾油，中火加热。倒入鸡蛋液，先将一面加热 1~2 分钟，然后翻面继续加热，做成一个蛋饼，从锅里取出。
6. 把柠檬汁同米饭搅拌均匀，然后把煎蛋饼切片，放在米饭上面。撒上剩余的香菜即可食用。

鸡腿 BBQ

25 分钟 | 30 分钟 | 218 千卡 / 份

当你遵循更健康的饮食习惯时，没有理由不好好享受一顿烧烤。一如既往，烧烤前的准备工作是关键。你可以事先做好烧烤酱，也可以事先在鸡肉上抹上酱汁和调味料腌渍，做好预处理。准备好后，如果天气不适合户外 BBQ 的话，可以把腌好的鸡肉放在烤箱里制作，而多余的酱汁可以密封保存。

日常轻食

4 人份

4 个鸡小腿（鸡皮和可见的脂肪都去掉）
4 个带骨鸡大腿（鸡皮和可见的脂肪都去掉）
1 汤匙 BBQ 调味粉

搭配食用

沙拉用绿色蔬菜

烧烤酱

低卡喷雾油
1/2 个洋葱，切碎
2 个蒜瓣，细细切碎
1 汤匙番茄酱
1 罐 400 克罐装番茄
1/2 个柠檬榨汁
1 汤匙 BBQ 调味粉
1 汤匙意大利甜醋
2 汤匙伍特斯酱
2 汤匙白酒醋
1 汤匙水牛城鸡翅酱
1 茶匙英式芥末粉
1 茶匙粒状甜味剂

1. 首先制作烧烤酱，在平底锅中喷一些低卡喷雾油，中火加热，加入洋葱和大蒜，炒4～5分钟，直到洋葱变软。在锅中加入番茄酱和罐装番茄，大火加热5分钟，过程中要不断搅拌，然后加入其余配料，转小火炖20分钟，直到酱汁变得浓稠。如果觉得调味汁有点太浓，可以再加一点水搅拌一下。
2. 如果你喜欢口感更顺滑的酱汁，只需用食物料理机或手持搅拌棒快速打匀烧烤酱，直到达到你中意的浓稠度（可以将酱汁保存在一个无菌的密封容器中，放入冰箱，保存时间可长达 3 天，或者冷冻起来改天再使用）。
3. 鸡肉放在烤盘里，撒上BBQ调味粉，再涂上几汤匙步骤2的酱汁（可以在制作的前一天进行腌渍，或者腌好后冷冻起来，改天再使用）。
4. 烤箱预热至 200℃或给户外烤架点火。
5. 将鸡肉放在烤肉架上烤 30 分钟，或者一直烤到鸡肉熟透为止（如果用烤箱，一般 20 分钟就可以做好）。可以把刀插入鸡大腿最厚的部位，检查一下是否有肉汁流出，用以检验鸡肉是否熟透。将鸡肉从烤箱中取出，搭配剩余的酱汁、沙拉一起食用，趁热食用或放凉食用皆可。

土耳其烤肉

10 分钟 | 时间不固定（见下文） | 170 千卡 / 份

这道食谱结合了简单的牛肉碎和一些奇妙的调味料，创造出了一道美味却又让你吃了之后没有负罪感的“假装外卖”。慢煮而成的食材保留了它本来的味道，而且这意味着你可以在工作前把食材扔进锅里，回家后就可以直接享用了。你甚至可以在做好之后将它们冷冻（前提是牛肉碎之前没有被冷冻过）。

日常轻食

4 人份

低卡喷雾油（如果用烤箱制作）
500 克 5% 脂肪含量的牛肉碎
1/2 茶匙洋葱碎
1 茶匙孜然碎
1/2 茶匙大蒜粒
1/4 茶匙烟熏甜椒粉
1/2 茶匙香菜碎
1 茶匙干牛至叶粉
1 茶匙干综合香料
1/4 茶匙红椒粉
1 茶匙海盐
1 撮新鲜黑胡椒碎

搭配食用（可选）
黑麦皮塔饼
绿叶类沙拉
低脂酸奶混合薄荷酱

用烤箱制作的方法

1 小时 45 分钟

1. 烤箱预热至 180℃，在一个 900 克的不粘面包模具中喷一点低卡喷雾油。
2. 把剩下的材料放在搅拌机或食物料理机中快速搅拌，直到混合物变得光滑细腻。取出，放入面包模具中，将每个角紧紧压牢。
3. 在面包模具上盖上锡纸，放入烤箱烤 1 小时 20 分钟，然后取下锡纸，继续烤 10 分钟。
4. 放置一边冷却 10~15 分钟，然后将烤肉从模具中取出，切成薄片，与黑麦皮塔饼、沙拉和酸奶一起食用。

用电压力锅制作的方法

45 分钟

1. 把所有的原料放在搅拌机或食物料理机中快速搅拌，直到混合物变得光滑细腻。
2. 把肉馅做成肉卷形状，用锡纸紧紧包裹，确保肉卷与锡纸之间没有空隙。把三脚蒸架放在电压力锅里，再把包好的肉卷放在蒸架上面。
3. 锅中加入 250 毫升水，将压力锅调至手动炖菜模式，蒸 30 分钟后使压力自然释放，将肉卷从压力锅中取出，静置 10~15 分钟。取下锡纸，将肉卷切成薄片，与黑麦皮塔饼、沙拉和酸奶一起食用。

用慢炖锅制作的方法

4.5 小时

1. 把所有原料放在搅拌机或食物料理机中快速搅拌，直到混合物变得光滑细腻。取出，将肉馅做成肉卷形状，用锡纸紧紧包裹，确保肉卷与锡纸之间没有空隙。在慢炖锅的底部放 3 个小锡纸球作为三角蒸架，然后把包好的肉卷放在上面。

2. 盖上盖子，将火调至中火，加热 4.5 小时，然后从锅中取出肉卷，去除锡纸。取出之后静置 10~15 分钟，然后与黑麦皮塔饼、沙拉和酸奶一起食用。

芝士汉堡比萨

15 分钟 | 15 分钟 | 343 千卡 / 份

当你试图进行健康饮食的时候，比萨饼有时就像是你的敌人，但是如果用玉米饼来代替碳水化合物含量高的比萨饼坯，你就可以毫无负担地吃掉它。使用一些巧妙的成分创造出经典的芝士汉堡味道，能给你以假乱真的感觉！

每周放纵

1 人份

75 克 5% 脂肪含量的牛肉碎
1 撮干牛至叶粉，额外多准备一点用于最后点缀
1 撮洋葱碎，另准备 1/4 个洋葱，切碎
1 撮大蒜粒
海盐和现磨的黑胡椒碎
1/4 个红辣椒，切丁
$1\frac{1}{2}$ 汤匙番茄酱
1 茶匙意大利甜醋
1 张低卡玉米饼
1 根小号腌黄瓜切片
20 克低脂切达芝士，擦碎
35 克低脂马苏里拉芝士

1. 烤箱预热至 220℃，烤盘中放入烘焙纸。
2. 将牛肉碎、牛至叶粉、洋葱碎、大蒜粒一起放入碗中，用海盐和黑胡椒碎调味，混合均匀，分成 15 等份。然后把它们揉成肉丸（如果你不准备当天制作，可以在这一步将肉丸冷冻）。把肉丸连同洋葱碎和黑胡椒碎一起放在烤盘上，在烤箱里烤 5 分钟，取出来放在一边待用。
3. 烤箱温度调低至 200℃，并在烤盘上放一张烘焙纸。
4. 将番茄酱和意大利甜醋混合在一起，抹在玉米饼上，把玉米饼放在烤盘上。
5. 将烤熟的肉丸、洋葱碎和黑胡椒碎铺在玉米饼上，然后撒上腌黄瓜片、红辣椒丁和擦碎的切达芝士。把马苏里拉芝士撕成小块放在表面，再撒一点牛至叶粉。
6. 烤盘放入烤箱烤 7 分钟，或者直到玉米饼变脆、芝士熔化呈金黄色为止。
7. 从烤箱中取出并食用。

蜜汁香辣鸡

5 分钟 | 25~30 分钟 | 308 千卡 / 份

使用蜂蜜调味是一种奇妙的方式，在饮食中增加自然、未经提炼的甜味，与辣椒的炽热和黑豆的酸度相平衡，这道食谱是“假装外卖”的美味选择。

每周放纵

使用无麸质酱油和速食汤底

4 人份

低卡喷雾油
600 克鸡大腿肉（鸡皮和可见的脂肪都去掉）
2 汤匙蜂蜜
1 撮干辣椒碎
2 块鸡肉速食汤底，弄碎
3 汤匙老抽
$1\frac{1}{2}$ 茶匙大蒜粒

搭配食用

2 个水萝卜，切薄片
2 根小葱，切丝
小米椒去籽切成圈（可选）

1. 烤箱预热至180℃，并用低卡喷雾油喷洒烤盘。
2. 鸡肉放在烤盘里。
3. 将蜂蜜、干辣椒碎、鸡肉速食汤底、老抽和大蒜粒放在一个碗里混合均匀。将混合物均匀涂在鸡肉上，放入烤箱烤25～30分钟，直到熟透为止。
4. 从烤箱中取出，搭配水萝卜、小葱和小米椒一起食用。

无糖可乐鸡肉

10 分钟 | 25 分钟 | 217 千卡 / 份

无糖可乐听起来似乎是一种疯狂的配料。但相信我们！这已经成为我们的经典菜式。当大部分液体被蒸发后（要有耐心，这会发生的！），留下来的是一种黏稠的甜味酱，正好平衡番茄酱的酸度。这道菜与米饭是绝配，给你一个中式的假装外卖晚餐。

日常轻食

使用无麸质酱油和速食汤底

4 人份

低卡喷雾油
2 块鸡胸肉（鸡皮和可见的脂肪都去掉），切方粒
1/2 茶匙中式五香粉
海盐
1 个紫皮洋葱，切片
1.5 厘米长度的姜，去皮并细细切碎
3 个蒜瓣，细细切碎
6 朵口蘑，每朵切成四瓣
1/2 个红甜椒，去籽切成条状
1/2 个绿甜椒，去籽切成条状
1/2 个黄甜椒，去籽切成条状
6 根玉米笋，纵向对半切开
2 汤匙番茄酱
2 汤匙老抽
1 汤匙伍斯特酱
1 汤匙醋（雪莉酒醋或米醋）
1 瓶 330 毫升的罐装无糖可乐
1/2 个鸡肉速食汤底
1 份鸡肉高汤
5 根小葱，大致切碎

1. 在平底锅中喷入低卡喷雾油，小火加热。放入鸡肉，撒上中式五香粉、海盐调味。翻炒几分钟，直到鸡肉开始变黄。取出，放在盘子里备用。

2. 锅中加入一点低卡喷雾油，然后加入洋葱、姜、大蒜和口蘑，中火翻炒3~4分钟，直到它们开始变软，再加入甜椒、玉米笋、番茄酱、老抽、伍斯特酱和醋，搅拌均匀，然后加入无糖可乐，翻炒均匀，烧开。

3. 锅中加入捣碎的鸡肉速食汤底和鸡肉高汤，开盖烧10分钟。当酱汁开始变得浓稠并有一点糖浆的味道时，把鸡肉放回锅里，然后加入小葱，再烧10分钟。检查一下浓稠度，如果稠度不够，需要继续烧一段时间，直到达到所需的稠度，确保鸡肉煮熟。

鸡肉法吉塔派

10 分钟 | 45 分钟 | 492 千卡 / 份

虽然它的热量比这本书中的其他菜肴稍高，但这个食谱值得你时不时地放纵一下。它的热量低于使用正常芝士酱的标准菜肴，而且一些配料的替换使这种偶尔的放纵变得更有价值。

特殊场合

4 人份

低卡喷雾油
3 块鸡胸肉（鸡皮和可见的脂肪都去掉），切成条状
2 个大号红甜椒 / 黄甜椒，去籽切片
2 个大号洋葱，切片
1 汤匙孜然碎
1/2 汤匙香菜碎
1 茶匙淡味辣椒粉
1/2 茶匙干辣椒碎（可选）
海盐和现磨的黑胡椒碎
1 盒 500 克纸盒装意式番茄酱
1 罐 395 克的罐装辣酱腰豆
2 张低卡墨西哥卷饼（切成合适的大小）
70 克低脂马苏里拉芝士
40 克低脂切达芝士，擦碎

1. 烤箱预热至 200℃，然后沿着 24 厘米（9.5 英寸）蛋糕模底部剪出一个油纸模，放入模具中。
2. 在一个大号煎锅内喷上低卡喷雾油，小火加热。加入鸡肉条，炒 2~3 分钟。再将甜椒和洋葱放入煎锅中，加入香料，用海盐和黑胡椒碎调味，炒匀。将番茄酱和罐装辣酱腰豆加入，小火慢炖 15 分钟。
3. 鸡肉煮熟后，将一层鸡肉混合物放在蛋糕模底部，然后放上一层墨西哥卷饼，然后再铺上另一层鸡肉混合物和另一层卷饼，层层叠加，最上层以鸡肉混合物结束。在上面撒上大块的马苏里拉芝士，然后撒上擦碎的切达芝士。放入烤箱中烤 25 分钟至金黄，即可食用。

小贴士

这是一个适配度超级强的食谱，可以使用你冰箱里的任何一种蔬菜。

新加坡炒饭

15 分钟 | 20 分钟 | 460 千卡 / 份

这是一道很棒的快手菜谱，加上咖喱粉和圆白菜的炒饭真的很好吃！你可以根据自己的喜好来调整辣度，可以用任何你喜欢的咖喱粉：温和的，中辣的或很辣的。我们推荐在上面放一个煎蛋，当蛋黄爆裂开来，与下面温暖的炒饭混合，简直完美极了。

每周放纵

使用无麸质酱油和速食汤底

4 人份

175 克印度香米，沥水洗净
1 个鸡肉速食汤底
低卡喷雾油
300 克鸡胸肉（鸡皮和可见的脂肪都去掉），切成条状
6 根小葱，切碎
3 颗红葱头，切碎
1 根中号胡萝卜，切丝
75 克小白菜或圆白菜，切碎
75 克冻豌豆粒
1 汤匙咖喱粉
1½ 汤匙生抽
1 汤匙鱼露
4 个中号鸡蛋
1/2 个青柠

1. 鸡肉速食汤底溶于水，放入香米，按照香米包装上的煮制说明制作米饭。做好后放置一旁备用。
2. 在炒锅或大煎锅中喷一些低卡喷雾油，中火加热。然后加入鸡胸肉，炒5分钟左右，直到鸡胸肉熟透，将鸡胸肉从锅里取出，放置一旁备用。
3. 在锅里再喷些低卡喷雾油，中火加热。加入小葱、红葱头、胡萝卜、小白菜或圆白菜和豌豆粒。再加入咖喱粉，炒5分钟，直到蔬菜开始变软，但还是有点脆的口感为止。加入煮熟的鸡肉、米饭、生抽和鱼露，继续翻炒，直到所有配料都均匀受热、混合（可以将做好的炒饭冷冻，改天再吃）。
4. 煎蛋时可以另起一个煎锅，用低卡喷雾油煎鸡蛋，鸡蛋的嫩度依照个人的喜好把握即可。
5. 在炒好的米饭上挤上青柠汁，分装到四个盘子中，每个盘子上面放一个煎蛋。

印度火鸡肉末咖喱

10 分钟 | 25 分钟 | 336 千卡 / 份

印度肉末咖喱通常是用牛肉末或羊肉末制作而成的，富含香料和酥油。这道菜使用了对正在进行身材管理的人群比较友好的替代品——火鸡肉末，同样美味。用你自己的香料和新鲜的食材，在家里仍然能享受印度外卖之夜。

日常轻食

使用无麸质速食汤底

4 人份

- 1 个红辣椒，去籽（如果你想要辣一点可以保留辣椒籽）
- 1 个大号洋葱，大致切碎
- 2 厘米长的姜，去皮
- 2 个蒜瓣，去皮
- 低卡喷雾油
- 500 克火鸡胸瘦肉末
- 1 汤匙淡味咖喱粉（或使用混合香料）
- 120 毫升鸡肉高汤（将 1 个鸡肉速食汤底溶解于 120 毫升沸水中）
- 1 罐 400 克罐装番茄块
- 150 克冻豌豆粒
- 1 小把新鲜香菜，切碎，多备一些待用
- 3 汤匙脱脂酸奶

混合香料配料（可选）

- 1 茶匙香菜碎
- 1 茶匙孜然碎
- 1/4 茶匙姜黄粉
- 1/2 茶匙肉桂粉
- 1/4 茶匙烟熏甜椒粉

搭配食用

- 印度香米饭
- 1 个柠檬，切片

1. 将红辣椒、洋葱、姜、大蒜一起放入搅拌机或食物料理机中，搅拌均匀。
2. 如果使用混合香料的话，把所有配料混合均匀。
3. 在平底锅中喷上低卡喷雾油，中火加热。加入火鸡肉末，炒5分钟，用木勺将肉末打散，然后加入混合香料或咖喱粉，再炒2~3分钟，直到肉末均匀入味。加入步骤1打成的泥，再加热5分钟。加入鸡肉高汤和番茄块煮沸，调小火继续煮10分钟，直到酱汁变浓为止。
4. 加入冻豌豆粒和切碎的香菜，再煮3分钟。
5. 关火，拌入酸奶，配印度香米饭和柠檬片食用。

豆豉鸡

10 分钟 | 10 分钟 | 267 千卡 / 份

我们给这道经典的中式菜品加上了特别的处理，减少了油和热量，同时又保有酱油、味噌的原汁原味以及豆豉的香味。这真能带给你一个完美的星期五之夜！

日常轻食

4 人份

低卡喷雾油
500 克鸡胸肉（鸡皮和可见的脂肪都去掉），切成条状
6 根小葱，切碎
3 个蒜瓣，细细切碎
2 厘米长的姜，去皮细细切碎
1/2 茶匙中式五香粉
1/4 茶匙干辣椒碎
100 克玉米笋，每个切成 3 段
75 克荷兰豆
1/2 个红甜椒，去籽切片
1/2 个绿甜椒，去籽切片
2 茶匙白味噌酱
1 罐 400 克湿豆豉，冲洗沥干，大致切碎
4 汤匙生抽
1 汤匙白米醋
100 毫升水

搭配食用（可选）
甜酸脆抱子甘蓝（见 200 页）

1. 在煎锅中喷上低卡喷雾油，大火加热。加入鸡肉条，翻炒 2~3 分钟至浅棕色，然后加入葱、蒜、姜、五香粉和干辣椒碎，充分搅拌。加入蔬菜，再炒 3~4 分钟。

2. 加入白味噌酱和压碎的豆豉，然后加入生抽、白米醋和水。转小火炒2分钟。

3. 检查一下鸡肉是否熟透，如果喜欢，可与甜酸脆抱子甘蓝、米饭或面条一起食用。

素食汉堡

15 分钟 | 10 分钟 | 118 千卡 / 份

你是无法拒绝一个好的素食汉堡的，那其中最棒的是丰富的配料和味道，如果你是一个肉食者，吃了它你都不会想念肉的味道。这是一个很棒的汉堡，加入少量的帕尔玛芝士，能增加奇妙和丰富的味道。搭配一大份沙拉尽情享用吧！

日常轻食

使用无麸质汉堡饼

4 人份

220 克中号土豆，去皮切小块
低卡喷雾油
2 个蒜瓣，压碎
1 个中号胡萝卜，擦碎
50 克四季豆，细细切碎
50 克花椰菜，细细切碎
50 克西蓝花，细细切碎
50 克冻豌豆粒
50 克甜玉米粒（罐装、沥干或冷冻的）
1 把新鲜欧芹，切碎
30 克帕尔玛芝士（或素食者硬芝士）

搭配食用（可选）

4 个全麦汉堡饼
生菜叶
红薯饼配小葱酸奶油蘸酱（见 235 页）

1. 把土豆放在煮沸的盐水锅里煮软，然后把水倒掉，用手持搅拌机或叉子将土豆捣碎。
2. 在一个大号煎锅内喷一些低卡喷雾油，中火加热。加入大蒜和所有的蔬菜（除了豌豆粒和甜玉米粒）炒5分钟，不断翻炒使它们不要变色。加入豌豆粒和甜玉米粒，再炒2~3分钟。
3. 把土豆泥和炒好的蔬菜放在一个碗里混合，加入切碎的欧芹和帕尔玛芝士。
4. 把步骤 3 分成四等份，每份做成汉堡排形状（可以把汉堡排冷冻起来，改天再吃，只需要在吃之前彻底解冻即可）。
5. 在煎锅内喷一些低卡喷雾油，中火加热，加入汉堡排，煎5分钟，或者直到汉堡排底部呈金棕色为止，然后小心地翻面，再煎几分钟。当另一面也变成金棕色的时候，关火取出，直接吃或和生菜叶一起加在全麦汉堡饼中，或搭配红薯饼配小葱酸奶油蘸酱食用。

I made the

FRIED RICE

after a 12-hour shift,

LOVED IT!

12 个小时轮班之后，
我做了炒米饭，爱它！

艾玛

“

我觉得印度香料烩饭是我新的
午餐挚爱：又快又简单。

莎琳

芝士汉堡比萨真是太不可思议了。
这里有这么多完美的家常菜谱。

凯西

满馅肉丸

10 分钟 | 25 分钟 | 283 千卡 / 份

美味、丰富的番茄酱汁和肉丸中溢出的芝士……这是减脂食品吗？对！少量的马苏里拉芝士可以在很大程度上使这些美味的肉丸看起来像是一道绝对的大餐。如此快速和容易，它们可以为忙碌的家庭提供一顿工作日的美餐。

每周放纵

GF

4 人份（每人 3 个肉丸）

肉丸配料

500 克 5% 脂肪含量的牛肉末
1 茶匙盐
1 撮现磨的黑胡椒碎
1/2 茶匙大蒜粉
1/2 茶匙干牛至叶粉
1/2 茶匙混合干香料
1 个中号鸡蛋黄
1 把新鲜欧芹，切碎
70 克低脂马苏里拉芝士，分成 12 等份

酱汁配料

1 罐 400 克罐装番茄块
50 克番茄酱
1 汤匙干牛至叶粉
1 茶匙洋葱粒
1/2 茶匙干罗勒
1/2 茶匙干欧芹
1 根中号胡萝卜，细细切碎
1 根芹菜，细细切碎
1/2 汤匙红酒醋
海盐和现磨的黑胡椒碎

1. 烤箱预热至200℃，在烤盘中垫上烘焙纸。
2. 把所有的肉丸配料（除了马苏里拉芝士和一半欧芹）在一个碗里混合，直到完全混合均匀，然后分成12份。
3. 在每一份肉馅中加入一块马苏里拉芝士，然后分别揉成肉丸。把肉丸放在烤盘上，放入烤箱里烤15分钟。
4. 制作肉丸的时候，开始制作酱汁。将所有酱料配料放入锅中煮沸，用中小火加热，煮约20分钟。
5. 用搅拌棒、搅拌机或食物料理机混合搅拌酱汁，直到酱汁变得顺滑，用海盐和黑胡椒碎调味，然后放回锅中。把烤肉丸加入酱汁中，搅拌均匀。
6. 撒上剩余的欧芹碎，即可食用。

快手菜

彩虹古斯米

20 分钟 | 无须加热 | 280 千卡 / 份

古斯米（Couscous）是制作简单速食的非常饱腹又低热量的选择。虽然使用石榴似乎有些让人出乎意料，但其酸甜的味道与咸味的菲达芝士相得益彰，材料中的红酒醋平衡了这道菜的酸度。

每周放纵

4 人份

200 克古斯米
1 个蔬菜速食汤底
1/2 个紫洋葱，细细切碎
1/2 根黄瓜，切小粒
10 个樱桃番茄，对半切开
1/2 个黄甜椒，切小粒
1/2 个橙甜椒，切小粒
$1\frac{1}{2}$ 汤匙红酒醋
3 汤匙石榴
1 把新鲜薄荷，切碎
1 把新鲜欧芹，切碎
海盐
65 克低脂菲达芝士，擦碎

1. 将蔬菜速食汤底加入水中，加入古斯米，根据煮制说明将古斯米煮熟。
2. 把所有的蔬菜拌入古斯米中，然后加入红酒醋、石榴、切碎的薄荷和欧芹，搅拌均匀。加入少许海盐调味。
3. 把古斯米分到四个盘子中，最后把菲达芝士碎均匀地撒在每一份表面。

比萨鸡

10 分钟 | 25 分钟 | 388 千卡 / 份

有比萨味道的鸡肉，我们还需要说更多吗？这简直是天作之合。鸡肉含有丰富的蛋白质，可以替代高热量的比萨饼底。一点点低脂芝士融入其中，更是让人无法抗拒。

每周放纵

4 人份

4 块鸡胸肉（鸡皮和可见的脂肪都去掉）
大号蘑菇，切成 20 片
1/2 个红甜椒，去籽，切成 20 片
4 片圆培根，每个切成 5 条
1/2 个紫洋葱，切薄片
8 片番茄
80 克低脂切达芝士，擦碎
1 茶匙意大利干香料

1. 烤箱预热至220℃。
2. 在每块鸡胸肉上横切五刀，从上到下切入3/4深度。小心不要将肉切断。
3. 在鸡肉的切口上分别放一片蘑菇、一片甜椒、一片培根和几片洋葱，然后把鸡肉放在烤盘上，放入烤箱烤20分钟，或者直到鸡肉熟透为止。
4. 烤熟后，在每块鸡胸肉上放两片番茄，再放上20克芝士碎和1茶匙意大利干香料。放回烤箱，再烤5分钟，或者直到芝士熔化，变成金棕色。
5. 从烤箱中取出即可食用。

摩洛哥调味三文鱼

15 分钟 | 20 分钟 | 275 千卡 / 份

用鱼作为主菜是我们最低脂的主食。这道摩洛哥调味三文鱼富含蛋白质，将摩洛哥风味与鱼的美味完美结合。这道菜很容易制作，非常适合作为一顿既快又精致的晚餐。

日常轻食

4 人份

1 个红甜椒，去籽切块
1 个黄甜椒，去籽切块
1 个紫洋葱，切块
低卡喷雾油
海盐和现磨的黑胡椒碎
4 块带皮三文鱼排
1 个柠檬

混合香料配料

2 茶匙姜末
1 茶匙孜然碎
2 茶匙香菜碎
1 茶匙肉桂粉
1 茶匙白胡椒碎
1/2 茶匙甜胡椒碎
1/2 汤匙姜黄粉

1. 把所有的混合香料配料混合均匀，放在一边备用。
2. 烤箱预热至 200℃。
3. 把甜椒和洋葱放在烤盘上，喷上低卡喷雾油，用海盐和黑胡椒碎调味。
4. 在每片三文鱼排的表面涂上混合香料，然后将鱼排放在烤盘中的蔬菜上面（你可以把剩下的混合香料放在一个密封的容器里留待下次使用）。
5. 柠檬纵向切成两半，把其中一半切成 8 片。在每片三文鱼上放 2 片柠檬，再加点海盐调味。用剩下的另一半柠檬挤出柠檬汁洒在三文鱼上。
6. 放入烤箱中烤 20 分钟，或者直到鱼熟透为止。
7. 从烤箱里取出烤鱼，可以搭配烤蔬菜一起食用。

烟熏三文鱼和西蓝花法式蛋饼

5 分钟 | 30~35 分钟 | 137 千卡 / 份

西蓝花和烟熏三文鱼的完美结合，在这道富含蛋白质的法式蛋饼中发挥着奇妙的效果。一点调味料，再撒上一点小葱，就能别具风味，这道菜会成为你一次又一次制作的美味。

日常轻食

6 人份

1 个中号西蓝花，切小朵
低卡喷雾油
2 根小葱，细细切碎
8 个大号鸡蛋
2 汤匙夸克芝士
海盐和现磨的黑胡椒碎
4~6 片烟熏三文鱼，切成小块

1. 烤箱预热至 200℃。
2. 将小朵西蓝花蒸或煮 3~4 分钟，沥干后用厨房纸巾拍干，放在一边冷却待用。
3. 在平底锅中喷一点低卡喷雾油，中火加热，加入小葱，炒 5 分钟至其变软。
4. 在一个中号碗中加入鸡蛋和夸克芝士，撒入海盐和黑胡椒碎，将鸡蛋打散至光滑无结块。
5. 将西蓝花、烟熏三文鱼和小葱放入 20 厘米（8 英寸）直径的圆形硅胶模具或派盘中，然后倒入鸡蛋混合液。放入烤箱烤 20~25 分钟，或者直到蛋液凝固，顶部变成金色为止。
6. 从烤箱中取出，趁热或放凉食用。

小贴士

夸克芝士是我们的最爱，它是一种原味的软芝士，可以给菜品添加奶香，但是脂肪含量又比较低。

加冕鸡

10 分钟 | 无须加热 | 329 千卡 / 份

这道经典的菜肴是为英国女王伊丽莎白二世加冕准备的，后来被称为加冕鸡。传统的配方含有丰富的鲜奶油，饱和脂肪和热量含量很高，但是使用夸克芝士和脱脂酸奶可以在没有高热量添加的情况下创造出美味的奶油味道。

每周放纵

2 人份

50 克夸克芝士
100 克脱脂酸奶
60 克硬芒果，切碎
2 个新鲜杏子，去核去皮，切碎
1 撮粒状甜味剂
1 茶匙淡味咖喱粉
1 根小葱，切碎
1 撮大蒜粒
海盐和现磨的黑胡椒碎
250 克熟鸡胸肉（鸡皮和可见的脂肪都去掉），切小块

搭配食用（可选）

黑面包片

1. 将夸克芝士和酸奶在碗里混合，然后加入芒果碎、杏子碎、甜味剂、咖喱粉、小葱和大蒜粒。加海盐和黑胡椒碎调味，拌匀，然后加入熟鸡胸肉搅拌均匀，尝一尝，必要时再加点海盐。
2. 撒上剩下的葱花即可搭配黑面包片食用。

Made the

RAINBOW COUSCOUS

DELICIOUS

我今晚做了彩虹古斯米，
真的简单又美味。

丽萨

“

用蓝纹芝士酱制作鸡肉，
特别简单又好吃。

茱莉亚

鸡柳很受欢迎，
我们全家都爱吃。

瑟拉

鸭肉橙子沙拉

5 分钟 | 20 分钟 | 338 千卡 / 份

这个组合是一道真正的经典菜，但它似乎会唬到厨房新手。这个食谱让做饭变得非常简单，同时还能带来浓郁美味的鸭胸肉和橙子的酸甜味。意大利香醋有助于平衡味道，使其成为美味、简单的晚餐。

2 人份

低卡喷雾油
100 克新土豆，切片
1/2 茶匙中式五香粉
1 块鸭胸肉（鸭皮和可见的脂肪都去掉），纵向切两半
海盐和现磨的黑胡椒碎
2 个大号橙子，去皮切片（配一些橙汁）
4 汤匙意大利香醋
沙拉用绿色蔬菜（你喜欢吃多少就准备多少）

小贴士

混合的沙拉菜有时会带有一点苦味或辣味——来自豆瓣菜或芝麻菜，很适合搭配这道菜食用。

1. 烤箱预热至 200℃。
2. 在烤盘中喷上低卡喷雾油，把切好的土豆片铺在烤盘上。在土豆上喷上低卡喷雾油，再撒上中式五香粉，放入烤箱中烤 10 分钟。
3. 同时，在小号煎锅中喷上低卡喷雾油，小火加热。鸭胸肉加海盐、黑胡椒碎调味后，放入锅中煎 7 分钟，直到肉的表面变成金黄色之后，再翻面继续煎 6 分钟。
4. 土豆在烤箱里烤 10 分钟后翻面，再喷一些低卡喷雾油，放回烤箱继续烤 10 分钟，直到表面变成金黄色。
5. 把鸭胸肉从煎锅里拿出来，放置一旁备用。
6. 把一半的橙子片放在煎锅中，加入预留的橙汁，然后加入意大利香醋，用海盐和黑胡椒碎调味后，中火加热3~4分钟，得到一个比较浓稠的调味酱汁。
7. 将鸭胸肉切薄片，中间应略微呈粉红色。把蔬菜沙拉、土豆片、鸭胸肉和剩下的新鲜橙子片放在一个盘子里，淋上调味酱汁。

鸡柳

10 分钟 | 20 分钟 | 287 千卡 / 份

这绝对是家庭的最爱。使用全麦面包作为面包糠，将鸡肉烤制而不是炸，使这道菜成为敏锐的年轻人的完美健康选择。这样烤出的鸡柳又香又脆，你根本分不清它们跟炸鸡柳的区别。

每周放纵

使用无麸质面包糠

4 人份

240 克全麦面包（不要用新鲜的面包）
1/2 茶匙大蒜盐
1/2 茶匙大蒜粒
1/2 茶匙烟熏甜椒粉
1/2 茶匙干牛至叶粉
1 个大号鸡蛋
4 块鸡胸肉（鸡皮和可见的脂肪都去掉），切成条
低卡喷雾油

搭配食用（可选）

低脂蛋黄酱混合一点拉差辣椒酱

1. 烤箱预热至190℃，并在烤盘中铺两列烘焙纸。
2. 用小型电动搅拌器或食物料理机把面包打成面包糠。将面包糠放入深一些的盆或碗中，加入大蒜盐、大蒜粒、甜椒粉和干牛至叶粉，搅拌均匀。在一个浅盘里将鸡蛋打散。
3. 每一块鸡肉先蘸一下鸡蛋液，然后放入面包糠中，确保面包糠将其完全覆盖住，然后放在其中一张烘焙纸上。重复以上步骤，直到所有的鸡肉都准备好（你可以在这一步把制作好的鸡肉冷冻起来，改天再烤）。
4. 在裹好面包糠的鸡肉条上喷上低卡喷雾油，放入烤箱烤10分钟，然后从烤箱中取出，翻面，再次喷上低卡喷雾油，放回烤箱继续烤10分钟，直至鸡柳两面烤得金黄酥脆。
5. 趁热食用，可搭配蘸酱——我们喜欢搭配拉差辣椒酱和蛋黄酱。

北非蛋

10 分钟 | 25 分钟 | 242 千卡 / 份

这是一道简单的番茄味炖菜，用洋葱、大蒜和甜椒做成，再放入鸡蛋，适合全家享用。可以搭配一些新鲜的土豆和绿色的蔬菜，或者也可以将其单独作为一顿便餐。

日常轻食

2 人份

低卡喷雾油
1 个洋葱，切片
1 个红甜椒，去籽切片
1 个黄甜椒，去籽切片
2 个蒜瓣，细细切碎或压碎
1/2 茶匙孜然粉
1/4 茶匙辣椒粉
1 罐 400 克的罐装番茄块或樱桃番茄
1 撮粒状甜味剂
1 茶匙柠檬汁
100 克菠菜
海盐和现磨的黑胡椒碎
1 把新鲜欧芹或香菜，切碎
4 个中号鸡蛋

搭配食用（可选）

芝士西蓝花（见 210 页）

1. 大号平底锅中喷一些低卡喷雾油，中火加热。
2. 加入洋葱和甜椒，炒4~5分钟直到它们开始变软为止。加入大蒜，继续翻炒4~5分钟（一共需要8~10分钟）。加入孜然粉和辣椒粉，翻炒1分钟左右，然后加入番茄块、甜味剂和柠檬汁。再加热几分钟，偶尔翻拌一下。
3. 加入菠菜，然后把火调小，盖上盖子煮 5 分钟。用海盐和黑胡椒碎调味。
4. 将一半的欧芹或香菜撒在步骤 3 上，然后在中间挖 4 个孔，每个孔中打入 1 个鸡蛋。在鸡蛋上撒些海盐和黑胡椒碎，盖上盖子或锡纸，如果你喜欢鸡蛋软软的口感，就用小火焖 8~10 分钟，如果你喜欢鸡蛋硬一些就焖久一点。
5. 关火后，撒上剩余的欧芹或香菜，即可食用。

青酱意面

5 分钟 | 15 分钟 | 241 千卡 / 份

一道美味、温热的意面是糟糕一天的完美解毒剂。不相信我们说的？不妨试试这道神奇的食谱！青酱会让人感觉有些放纵，但如果你把油脂撇在一边，用新鲜的香草制作，就可以在尽量减少热量的同时，重现美妙的味道。

日常轻食

4 人份

320 克干意面
60 克新鲜罗勒
10 克新鲜细香葱
5 克新鲜欧芹
2 个蒜瓣，去皮
5 克帕尔玛芝士
海盐和现磨的黑胡椒碎

搭配食用（可选）

芝麻菜

1. 煮开一大锅水，按照包装上的煮制说明煮意面。
2. 同时，把罗勒、细香葱、欧芹、蒜瓣、帕尔玛芝士放在一个小型电动破壁机或食物料理机里，快速混合打碎。
3. 再加入 4 汤匙煮意面用的开水，搅拌，用海盐和黑胡椒碎调味，即成有光泽的青酱。
4. 意大利面煮熟后，沥干水分，然后倒入加热的平底锅中。
5. 关火后，把青酱拌入意面中。趁热食用。

小贴士

你可以将青酱分装入冰格中冷冻，这样可以保存更久时间。青酱非常百搭，也完美适配各种肉类、鱼类和蔬菜。

海鲈鱼配味噌意式烩饭

5 分钟 | 25 分钟 | 333 千卡 / 份

海鲈鱼是一种特别美味的鱼，但经常会被菜里的其他味道淹没。然而，这道温和的味噌意式烩饭与海鲈鱼是完美的组合——很有滋味但又没有掩盖海鲈鱼的鲜美。

每周放纵

4 人份

低卡喷雾油
1 个大号洋葱，细细切碎
1 个蒜瓣，压碎
200 克意式烩饭米（Arborio risotto rice）
900 毫升鱼肉或蔬菜高汤（可以将 1 个鱼肉或蔬菜速食汤底溶解于 900 毫升沸水中）
100 克冻豌豆
1 茶匙白味噌酱
4 片海鲈鱼排

1. 在一个大号平底锅内喷上低卡喷雾油，小火加热。锅中加入洋葱和大蒜，炒几分钟，直到洋葱变软但没有变成褐色为止。然后加入烩饭米。
2. 将 300 毫升高汤倒入锅中，一边加热一边不停搅拌 10 分钟，直到水分几乎全部蒸发，然后再加入 300 毫升高汤继续搅拌。当高汤几乎全部蒸发后，加入最后的 300 毫升高汤，调中火。加入冻豌豆和白味噌酱，搅拌均匀，再煮 10 分钟。
3. 同时，在另一个平底锅中喷上低卡喷雾油，大火加热。加入海鲈鱼排，鱼皮朝下，煎4分钟，翻面再煎1分30秒，或者直到鱼排熟透为止。
4. 把意式烩饭分成 4 份，每份上面放一片海鲈鱼排。

小贴士

何不试试撒一点拉差辣椒酱在鱼排表面?

鸡肉配蓝纹芝士酱

5 分钟 | 25 分钟 | 214 千卡 / 份

一块高品质的烟熏蓝纹芝士可以为任何一道菜增添风味。这道食谱中的酱汁与鸡肉是如此巧妙的组合，让人感觉是一种绝对的放纵。这道菜美味又丰盛，马上就会成为一家子的最爱。

每周放纵

使用无麸质速食汤底

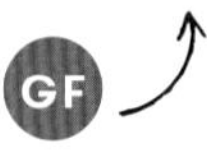

4 人份

4 块鸡胸肉（鸡皮和可见的脂肪都去掉）
海盐和现磨的黑胡椒碎
低卡喷雾油
2 根中号大葱，洗净切厚片
300 毫升鸡肉高汤（可以将 1 块鸡肉速食汤底溶解于 300 毫升沸水中）
75 克低脂奶油奶酪
35 克丹麦蓝纹芝士

搭配食用（可选）

懒人土豆泥（见 212 页）

1. 烤箱预热至 200℃，在烤盘中垫上烘焙纸。
2. 把鸡胸肉放在烤盘上，加海盐和黑胡椒碎调味，然后放入烤箱里烤 20~25分钟，或者直到鸡肉熟透为止。
3. 同时，在平底锅中喷一些低卡喷雾油。加入大葱，中火炒 5 分钟，不断翻炒，将它们炒软，但不变色。将鸡肉高汤全部倒入锅中，煮沸后调小火煮至汤汁减少一半左右，拌入奶油奶酪，再拌入丹麦蓝纹芝士，搅拌均匀，小火继续煮几分钟，直到酱汁开始变得浓稠。
4. 检查一下鸡肉，如果熟透了，就把鸡胸肉取出放在盘子里，把酱汁均匀地浇在每块鸡胸肉上。
5. 选择你喜欢的任意配餐一起食用，我们喜欢搭配懒人土豆泥。

漆树羊排

5 分钟（加上冷却时间） | 10~15 分钟 | 475 千卡 / 份

漆树粉并不是我们经常用到的一种原料。这是一种万能香料，带有浓郁的柠檬味，是一种非常惊艳的肉类调味品，尤其适合羊肉。这些漂亮的羊排很像外卖菜品，可以与我们的鹰嘴豆肉饭（209 页）搭配食用。享受美味的盛宴，能让人梦见阳光灿烂的假日。它非常适合夏季户外烧烤。

特殊场合

4 人份

1 茶匙干牛至叶粉
1 茶匙孜然粉
1 撮肉桂粉
1 茶匙漆树粉
1 撮海盐
100 克脱脂希腊酸奶
1 茶匙番茄酱
8 块羊排，可见的脂肪都去掉

1. 将所有材料（羊排除外）在一个碗中混合，然后加入羊排。
2. 给碗加盖，放入冰箱中至少冷藏 1 小时，最好过夜（或者你可以把腌制好的羊排放在密封的容器里冷冻，日后需要的时候再取出）。
3. 在你想吃之前 15 分钟，把羊排从冰箱里拿出来，放在室温下。加热烤肉架或预热烤炉至最高温度。
4. 将羊排两面都烤熟，烹调时间取决于羊排的厚度，但每面至少需要烤 5~7 分钟。

小贴士

你可以跟烤柠檬一起搭配食用，将柠檬对半切开，切口一面在烤肉架或平底锅上烤 5 分钟即可。

亚洲冷面沙拉

15 分钟 | 3~5 分钟 | 163 千卡 / 份

这道清爽、新鲜的沙拉不仅是主菜的完美拍档，也可以作为一顿清淡的独立餐食。拉差辣椒酱增加了一点热量，虽然鱼露不是日常配料，但它给沙拉带来了地道的亚洲风味。味道真好！

日常轻食

使用无麸质酱油

4 人份

酱汁配料

2 汤匙白米醋
1 个青柠榨成汁
$1\frac{1}{2}$ 汤匙鱼露
1 茶匙粒状甜味剂或糖
2~3 滴拉差辣椒酱，多备一些搭配食用（可选）
1 茶匙生抽

沙拉配料

2 块 50 克每块的米粉（你也可以用全蛋面代替，但是这款食谱用米粉更好）
150 克荷兰豆，整个或者切片
2 根中号胡萝卜，切丝
1 个红色甜椒，去籽切片
6 根小葱，切碎
1 把新鲜薄荷，切碎
1/2 把新鲜香菜，切碎

1. 按照包装煮制说明将米粉煮熟，捞出后用冷水冲洗干净，沥干。
2. 把所有的酱汁配料放入一个碗里混合，直到糖或甜味剂完全溶解。
3. 把所有的沙拉配料放入碗中，加入沥干的米粉和酱汁，搅拌均匀即可食用。

蒜香奶油鸡

10 分钟 | 20 分钟 | 187 千卡 / 份

这道蒜香奶油鸡的配料及味道都很丰富，但离一罐奶油的热量还差得远呢！使用低脂奶油奶酪是减少传统奶油菜肴热量的绝佳方法。这道食谱看起来仍然是一顿大餐，制作起来很简单。可以搭配米饭、意大利面、薯条、土豆或任何你喜欢的食物。

每周放纵

使用无麸质速食汤底

4 人份

400 克鸡胸肉或鸡腿肉（鸡皮和可见的脂肪都去掉），切片
海盐和现磨的黑胡椒碎
低卡喷雾油
1 茶匙白米醋
1 汤匙伍斯特酱
400 毫升肉高汤（可以将 1 块牛肉速食汤底溶解于 400 毫升沸水中，再加入 1 块鸡肉速食汤底）
1 个洋葱，切薄片
250 克口蘑，切薄片
3 个蒜瓣，切薄片或压碎
1 茶匙第戎芥末酱
175 克低脂奶油奶酪

搭配食用
新鲜细香葱，切碎
烟熏甜椒粉（可选）

1. 用少许海盐和黑胡椒碎将鸡肉片调味，然后放置一边待用。
2. 在一个大号平底锅中喷入低卡喷雾油，中火加热。
3. 加入鸡肉并迅速将其煎熟，然后将鸡肉从锅中取出放置一边。
4. 调回中火，在伍斯特酱中加入白米醋，当大部分液体蒸发后，喷入少量低卡喷雾油。加入洋葱、口蘑和大蒜，炒 5 分钟，直到它们开始变黄，然后加入第戎芥末酱，加热一两分钟，搅拌均匀。将肉高汤倒入锅中，煮至分量减半，然后调小火，加入奶油奶酪搅拌均匀，确保没有凝结的奶酪块。
5. 把鸡肉放入锅里，充分搅拌，小火炖 5~10 分钟，直到鸡肉煮熟为止。如果酱汁看起来有点稠，可以加些水，直到达到你喜欢的浓稠度。
6. 撒上切碎的细香葱和甜椒粉。

卡津脏脏饭

10 分钟 | 30 分钟 | 291 千卡 / 份

这道食谱是我们第一次经历“病毒式传播”——相关视频现在已经被浏览了 520 多万次！当我们第一次在脸书（Facebook）上发布它的时候，我们从来没想到会有多少人开始使用我们的食谱。经过成千上万快乐的粉丝的尝试和考验，这道食谱已经变成一道简单快捷的经典菜。

日常轻食

使用无麸质速食汤底

4 人份

200 克印度香米
1 片月桂叶
1 个鸡肉速食汤底
低卡喷雾油
400 克 5% 脂肪含量的牛肉末
1/2 个洋葱，细细切碎
4 片圆培根，切小块
2 茶匙卡津调味料（或多备一些，看个人口味）
少量伍斯特酱
1 根中号胡萝卜，细细切碎
6 朵口蘑，切片
1/2 个红色甜椒，去籽细细切碎
1/2 个黄色甜椒，去籽细细切碎
1/2 个绿色甜椒，去籽细细切碎
200 毫升牛肉高汤（可以将 1 块牛肉速食汤底溶解于 200 毫升沸水中）
几段小葱，切碎

1. 将月桂叶和鸡肉速食汤底加入水中，加入香米，按照包装煮制说明煮米饭。米饭煮好后放置一边备用。
2. 在平底锅中喷入低卡喷雾油，中火加热。加入牛肉末、洋葱和培根，炒 3~4 分钟直到食材变色。加入卡津调味料和伍斯特酱炒制，然后加入胡萝卜、口蘑、甜椒，再倒入牛肉高汤。煮 3~4 分钟直到甜椒开始变软。
3. 加入煮熟的米饭和小葱，中火炒匀，直到所有米饭都裹上酱料。尝一下味道，如果你喜欢辣一点，就再加入一些卡津调味料，然后就可以上桌食用了。

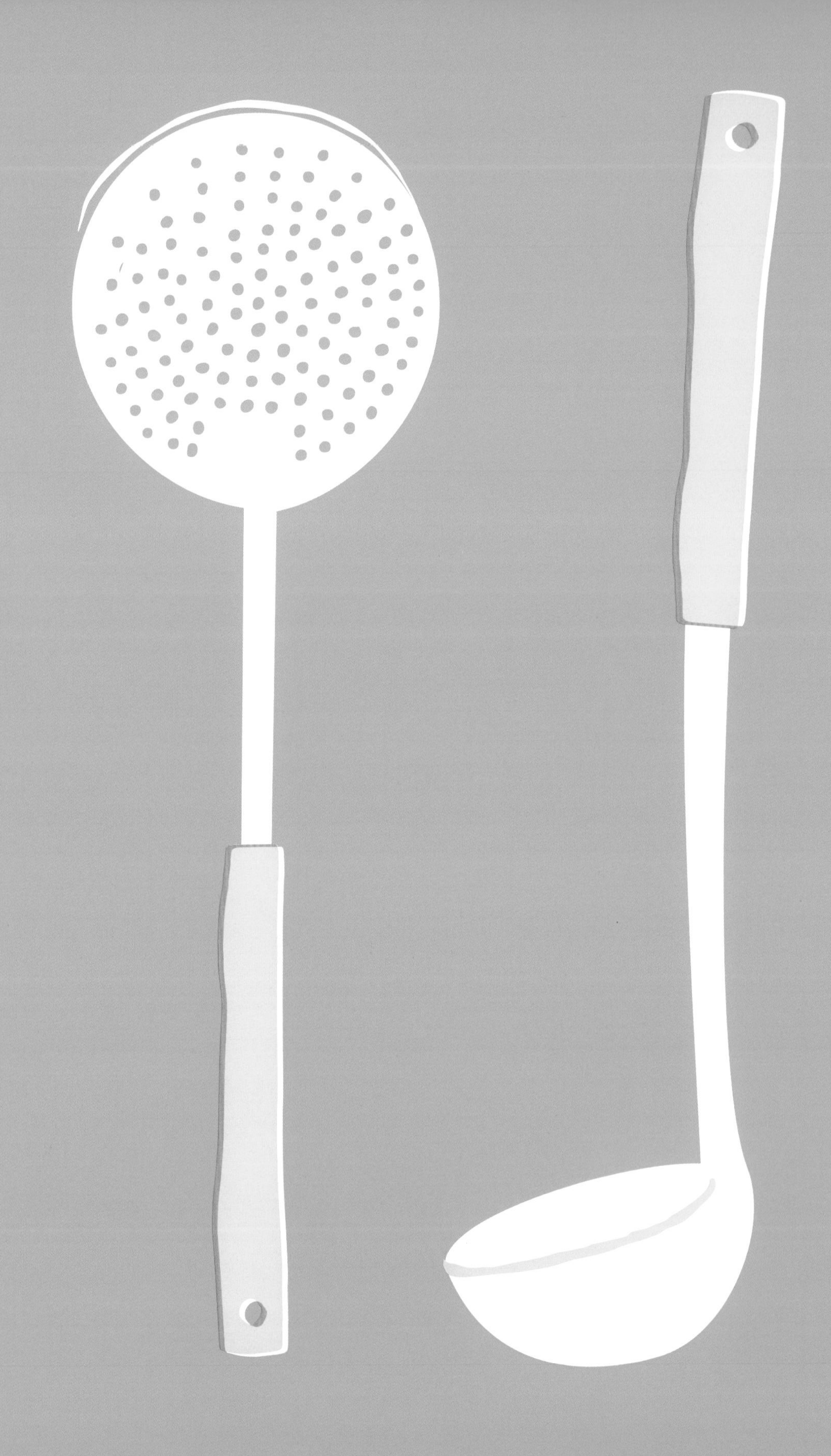

第 4 章

STEWS and SOUPS

炖菜和炖汤

蔬菜塔吉锅

10 分钟 | 50 分钟 | 140 千卡 / 份

塔吉锅是摩洛哥人的最爱，制作简单，令人印象深刻。杏干和混合香料添加了正宗的味道，你可以让它自己咕嘟咕嘟沸腾，使摩洛哥的香味飘满你的家。非常美味！

日常轻食

使用无麸质速食汤底

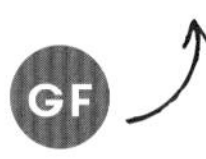

4 人份（很丰盛）

低卡喷雾油
1 根大号胡萝卜，切滚刀块
100 克芜菁甘蓝，去皮切滚刀块
100 克欧洲防风萝卜，去皮切滚刀块
6 根小葱，纵向切开
2 个甜椒，去籽切方块
150 克奶油南瓜，去皮去籽，切滚刀块
2 个蒜瓣，压碎
1 汤匙摩洛哥混合香料
1 罐 400 克的番茄块罐头
250 毫升蔬菜高汤（可以将 1 块蔬菜速食汤底溶解于 250 毫升沸水中）
60 克杏干，对半切开
1 罐 400 克的鹰嘴豆，沥干水分冲洗干净
盐
1 小把新鲜香菜，切碎

摩洛哥混合香料配料

2 茶匙姜粉
1 茶匙孜然粉
2 茶匙香菜粉
1 茶匙肉桂粉
1 茶匙白胡椒粉
1/2 茶匙甜胡椒粉
1/2 汤匙姜黄粉

1. 把所有摩洛哥混合香料的配料放在一个碗里混合均匀，放置一边备用。
2. 在一个大号的平底锅中喷入低卡喷雾油，中高火加热。加入蔬菜，炒5分钟，直到轻微变色为止（你可能需要分批完成这一步）。
3. 当所有的蔬菜都变成棕色后，把它们全部放回锅里（如果你是分批制作的话），加入大蒜，再炒几分钟。然后加入摩洛哥混合香料，搅拌几分钟（可以把剩下的混合香料放在密封的容器里以备将来使用），然后加入番茄块和蔬菜高汤。煮至沸腾后加入杏干，盖上锅盖，转小火继续煮40分钟，偶尔搅拌一下。
4. 加入鹰嘴豆，再炖5分钟，然后尝一下味道，如有需要，加一些盐调味。
5. 撒上切碎的香菜，上桌食用。

篝火炖菜

30 分钟 | 时间不固定（见下文） | 409 千卡 / 份

下班回到家，没有什么比一顿热乎乎的丰盛晚餐感觉更好了。这正是你能在这道热气腾腾的篝火炖菜里得到的。这是我们的经典菜式，可以使用烤箱、压力锅和慢炖锅来炖煮火腿，使其轻轻一碰能脱骨。好幸福。

每周放纵

4 人份

750 克火腿（所有可见的脂肪都去掉）
3 个甜椒（混合颜色）去籽切块
2 个洋葱，切块
3 个蒜瓣，压碎
1 茶匙烟熏甜椒粉
1 茶匙孜然粉
1 茶匙香菜碎
1 罐 415 克的焗豆罐头
1 罐 400 克番茄块罐头
1 罐 400 克四季豆罐头，沥水晾干
1 根芹菜梗，切块
2 根大号胡萝卜，切块
6~8 朵口蘑，对半切开
2 汤匙番茄酱
1 撮干辣椒碎
1 汤匙伍斯特酱
少量辣椒酱

烤箱制作

3 小时

1. 将火腿用冷水浸泡一整夜，沥干并冲洗干净。
2. 烤箱预热至 190℃。将切好的甜椒留一半备用，其余配料（包括泡好的火腿）加入焙烤盘中，充分搅拌，将盖子盖紧。
3. 放入烤箱中烤 2~3 小时，每 30 分钟左右搅拌一次，确保盘中有足够的液体。2~3 小时后，肉应该可以从骨头上脱落，酱汁会变稠。取下盖子，如有必要，继续烤几分钟，使酱汁变得更浓稠。
4. 这时的肉应该是软的，而且会散开，如果没有，就用两把叉子把它在焙烤盘里拆开，搅拌均匀。烤制结束前 15 分钟左右，加入剩余的甜椒，取出上桌。

其他制作方式见 128 页……

篝火炖菜 ……继续

电压力锅制作

45 分钟

1. 将火腿用冷水浸泡一整夜，沥干并冲洗干净。
2. 将切好的甜椒留一半备用，其余配料（包括泡好的火腿）加入电压力锅中，搅拌均匀。盖上盖子，将阀门旋转到“密封”位置，并在“手动 / 炖煮”模式下选择压力加热 40 分钟。到时间后让压力自然释放。
3. 将剩下的甜椒倒入锅中，盖上盖子，将阀门转到“密封”位置，用“手动 / 炖煮”模式，直到锅达到压力值，然后让压力自然释放。
4. 这时肉应该是软的，而且会散开，如果没有，就用两把叉子把它在电压力锅里弄碎，搅拌均匀后再食用。

慢炖锅制作

6~8 小时

1. 将火腿用冷水浸泡一整夜，沥干并冲洗干净。
2. 将切好的甜椒留一半备用，其余配料（包括泡好的火腿）加入慢炖锅中，搅拌均匀。将慢炖锅调到高温档位，盖上盖子，炖煮 6~8 小时（也可以炖得更久一些）。
3. 在出锅前 30 分钟左右，加入剩下的甜椒，搅拌一下。
4. 6小时后，检查酱汁的浓稠度和肉的软烂度。这时肉应该是软的，而且会散开，酱汁应该是浓稠的。如果需要的话，你可以把盖子取下来，高温收汁。
5. 这时肉应该已经煮烂了，如果没有，就用两把叉子把它在慢炖锅里弄碎，搅拌均匀后再食用。

古巴牛肉

10 分钟 | 时间不固定（见下文） | 417 千卡 / 份

这道菜将嫩牛肉和古巴香料的温热相结合，你可以使用烤箱制作，也可以使用压力锅或慢炖锅。可以搭配米饭或意面一起享用这顿丰盛的晚餐。在保持低热量的同时，使用红葡萄酒汤底可以增加特殊的风味。

每周放纵

使用无麸质速食汤底

4 人份

500 克用于炖煮的牛肉（所有可见的脂肪都去掉），切小块
海盐和现磨的黑胡椒碎
低卡喷雾油
2 个洋葱，切片
240 毫升牛肉高汤（可以将 2 块牛肉速食汤底溶解于 240 毫升沸水中）
1 罐 400 克番茄块罐头
2 个青椒，去籽切成条
2 个红椒，去籽切成条
4 个蒜瓣，压碎
2 汤匙番茄酱
1 茶匙孜然粉
1 茶匙干牛至叶粉
1/2 茶匙姜黄粉
2 片月桂叶
1 汤匙新鲜香菜碎
1 个红葡萄酒或白葡萄酒汤底
1 汤匙白葡萄酒醋

搭配食用（可选）

米饭

炉灶或烤箱制作

2~2.5 小时

1. 用海盐和黑胡椒碎给牛肉调味。
2. 在大号平底锅中喷入低卡喷雾油。大火将牛肉煎成棕色，然后放在一边备用。
3. 平底锅里再加一点低卡喷雾油，加入洋葱炒 3~4 分钟，直到它们开始变软。
4. 把剩下的配料和煎好的牛肉、洋葱一起放入平底锅。
5. 煮沸，转小火，炖 1.5~2 个小时，或者直到肉变软为止（也可以盖上锅盖，在 160℃的烤箱中烤 2~2.5 个小时，但要确保你的平底锅是耐高温的）。
6. 用两个叉子把牛肉拆开，这时它们应该很容易弄碎。如果酱汁不够浓稠，可以把盖子拿开，大火收一下汁。
7. 搭配米饭或者你喜欢的其他主食食用。

其他制作方式见下页……

古巴牛肉 ……继续

电压力锅制作

1 小时 20 分钟

1. 用海盐和黑胡椒碎给牛肉调味。
2. 把电压力锅调到“炒菜”模式，然后喷一点低卡喷雾油。加入牛肉，双面煎几分钟，直到肉的颜色变成棕色。
3. 把剩下的配料和煎好的牛肉一起加入电压力锅中。盖上锅盖，调至“手动/炖煮”模式，时间设定1小时，到时间后让压力自然释放大约15分钟。
4. 用两个叉子把牛肉拆开，这时它们应该很容易弄碎。如果酱汁不够浓稠，就把电压力锅的盖子打开，调到“炒菜”模式收汁。
5. 搭配米饭或者你喜欢的其他主食食用。

慢炖锅制作

6~8 小时

1. 用海盐和黑胡椒碎给牛肉调味。
2. 在煎锅中喷入低卡喷雾油，中火加热。放入牛肉煎至两面都变成棕色。
3. 将煎好的牛肉和所有其他配料一起倒入慢炖锅中。将慢炖锅调到高温档位，盖上盖子，炖煮6小时。或中温档位炖煮8小时。
4. 用两个叉子把牛肉拆开，这时它们应该很容易弄碎。如果酱汁不够浓稠，就把慢炖锅的盖子打开，大火收汁。
5. 搭配米饭或者你喜欢的其他主食食用。

鸡肉炖牛肉

10 分钟 | 30 分钟 | 436 千卡 / 份

你自己可能不会考虑在一道菜里同时煮鸡肉和牛肉，在这种奶油质地的酱汁里，它们会变得很嫩很入味。如果你喜欢的话，也可以选择单用牛肉或鸡肉制作。家人和朋友永远不会猜到这道菜竟然不是用奶油做的！

每周放纵

使用无麸质速食汤底

4 人份

350 克用来炖煮的牛排（所有可见的脂肪都去掉），切成条
350 克鸡胸肉（所有可见的皮和脂肪都去掉），切成条
海盐
低卡喷雾油
1 个洋葱，切片
75 克口蘑，切片
1/2 茶匙粗黑胡椒碎
500 毫升牛肉高汤（可以将 1 块牛肉速食汤底溶解于 500 毫升沸水中）
1 个牛肉味汤底
200 克低脂芝士
1 把新鲜欧芹，细细切碎

1. 将牛排和鸡肉加海盐调味，然后在大号煎锅里喷上一些低卡喷雾油，中火加热。锅中分别放入牛排和鸡肉，快速把每一个面煎一下，然后从锅里取出放在一边备用。
2. 平底锅里再加一点低卡喷雾油，继续中火加热。
3. 加入洋葱、口蘑和黑胡椒碎，炒5分钟直到它们开始变黄。然后加入牛肉高汤，炖至液体减少一半，放入牛肉味汤底搅拌。调小火，拌入芝士，确保芝士块都溶解，没有大块颗粒。
4. 把牛排和鸡肉放入锅里，充分搅拌，小火炖5~10分钟，直到鸡肉完全煮熟。尝一尝，如果你喜欢，可以再加一点黑胡椒碎。如果酱汁有点浓稠，可以加一点水，直到稠度达到你心仪的状态。
5. 撒上切碎的欧芹，然后上桌食用。

小贴士

如果你想增添一点独特的风味，可以在洋葱和口蘑变黄后再加一滴白兰地。

卡津豆汤

5 分钟 | 时间不固定（见下文） | 174 千卡 / 份

这道丰盛温暖的汤是辛辣的卡津风味，伴有红芸豆和丰富的蔬菜。这种有益健康的汤本身就像是一餐饭，你还可以在炒洋葱时加入一些切片的熟香肠或培根片做成肉汤。

日常轻食

使用无麸质速食汤底

4 人份

低卡喷雾油
1 个红洋葱，切小粒
5 根小葱，切碎
2 个蒜瓣，压碎
1 个大号西葫芦，切小粒
2 个红椒或黄椒，去籽切小粒
2 根中号胡萝卜，切小粒
1 大把菠菜（冷冻的也可以，但量要加倍）
1 罐 400 克番茄块罐头
1 盒 500 克盒装浓番茄酱
2 汤匙番茄酱
560 毫升蔬菜高汤（可以将 2 块蔬菜速食汤底溶解于 560 毫升沸水中）
1~2 汤匙卡津调味料（按口味选择用量）
1 汤匙伍斯特酱（或用素食口味的其他替代品，如有机的伍斯特酱）
1 汤匙白葡萄酒醋
1 片月桂叶
1 罐 400 克 红芸豆罐头，洗净沥干
1 罐 400 克 鹰嘴豆罐头，洗净沥干
现磨的黑胡椒碎

炉灶制作

50 分钟

1. 在一个大号的平底锅中喷入低卡喷雾油，中火加热。加入洋葱、小葱和大蒜，炒 4~5 分钟，直到全部变软为止。
2. 除红芸豆、鹰嘴豆和黑胡椒碎外，其他配料都加入锅中，混合均匀煮沸，然后炖 30 分钟。
3. 加入红芸豆和鹰嘴豆，尝一尝，用黑胡椒碎调味后再尝一下，如果需要的话，可以再多加一些卡津调味料。
4. 继续煮约 15 分钟，挑出月桂叶，然后上桌食用。

其他制作方式见 136 页……

卡津豆汤 ……继续

电压力锅制作

30 分钟

1. 把电压力锅调到“炒菜”模式，喷一点低卡喷雾油。加入洋葱、小葱和大蒜，炒3~4分钟，直到全部变软为止。
2. 除红芸豆、鹰嘴豆和黑胡椒碎外，其他配料都加入锅中，混合均匀。电压力锅调至“手动/炖煮”模式，时间设定 20 分钟，到时间后使压力自然释放。
3. 加入红芸豆和鹰嘴豆，尝一尝，用黑胡椒碎调味后再尝一下，如果需要的话，可以再多加一些卡津调味料。
4. 电压力锅调至“炒菜”模式继续加热大约5分钟，然后挑出月桂叶，上桌食用。

慢炖锅制作

4 小时 10 分钟

1. 在一个大号的平底锅中喷入低卡喷雾油，中火加热。加入洋葱、小葱和大蒜，炒 4~5 分钟，直到全部变软为止。
2. 除红芸豆、鹰嘴豆和黑胡椒碎外，其他配料都加入锅中，混合均匀后煮沸。然后一起倒入慢炖锅中，将慢炖锅调到中温档位炖煮 3 小时。
3. 3 小时后，加入红芸豆和鹰嘴豆，用黑胡椒碎调味后尝一下味道，如果需要的话，可以再多加一些卡津调味料。继续炖煮大约 1 小时，然后挑出月桂叶，上桌食用。

地中海风味羊腿

15 分钟 | 时间不固定（见下文） | 582 千卡 / 份

慢炖——无论是在烤箱、压力锅还是慢炖锅中，都是能展现羊肉美妙、丰富和嫩滑口感的绝佳方式。这道食谱中的美味食材使它非常适合作为晚宴的主角，而又不会摄入高热量。

特殊场合

使用无麸质速食汤底

4 人份

4 根羊腿（所有可见的脂肪都去掉），每根 400~450 克
海盐和现磨的黑胡椒碎
低卡喷雾油
1 汤匙伍斯特酱，额外准备一些
250 毫升牛肉高汤（1 块牛肉速食汤底溶解于 250 毫升沸水中）
1 个大号洋葱，切碎
2 根芹菜，切碎
2 个中号胡萝卜，切碎
3 个蒜瓣，去皮捣碎
2 汤匙番茄酱
1 罐 400 克番茄块罐头
2 个新鲜番茄，切碎
1 块牛肉速食汤底（除了上面那块之外）
1 茶匙鱼露
1 汤匙意大利香醋
1 茶匙干牛至叶粉
1 茶匙干迷迭香
1/2 茶匙干百里香
1 大把新鲜欧芹
熟古斯米，待用（可选）

烤箱制作

2.5~3 小时

1. 将羊腿肉用海盐和黑胡椒碎调味，然后在一个大号煎锅里喷上一些低卡喷雾油，加入羊腿肉，中火加热 5 分钟，每面煎至金棕色（这样做可以提味）。
2. 把羊腿肉放入一个大的带盖焙烤盘里。烤箱预热至 180℃。
3. 煎锅中加少许伍斯特酱和牛肉高汤煮沸，加入洋葱、芹菜、胡萝卜和大蒜。炒几分钟，使酱汁均匀包裹它们，直到洋葱开始变色，然后加入番茄酱，炒 3~5 分钟。
4. 把步骤3中的酱汁材料倒在羊腿的上面。加入剩下的配料（除了欧芹），确保速食汤底溶解开。盖上盖子，放入烤箱烤2~2.5小时，直到羊腿肉变软，在烤的过程中检查几次，看看是否需要再加一点汤。
5. 从焙烤盘里取出羊腿肉，加热酱汁，直到它达到你需要的浓稠度（可能需要用到滤脂器，因为羊腿肉很肥）。加入切碎的欧芹搅拌均匀，如果需要，在羊腿肉上再倒一些酱汁。

其他制作方式见下页……

地中海风味羊腿 …… 继续

电压力锅制作

50 分钟

1. 将羊腿肉用海盐和黑胡椒碎调味，然后在一个大号煎锅里喷上一些低卡喷雾油，加入羊腿肉，中火加热5分钟，每个面煎至金棕色（这样做可以提味）。
2. 把羊腿肉放到电压力锅中。
3. 煎锅中加少许伍斯特酱和牛肉高汤煮沸，加入洋葱、芹菜、胡萝卜和大蒜。炒几分钟，使酱汁均匀包裹它们，直到洋葱开始变色，然后加入番茄酱，炒3~5分钟。
4. 把步骤3中的酱汁材料倒入电压力锅的羊腿肉上面，加入剩下的配料（除了欧芹），确保速食汤底溶解开。
5. 电压力锅调至“手动/炖煮”模式，时间设定45分钟，到时间后让压力自然释放。
6. 将羊腿肉从电压力锅倒出，电压力锅调到“炒菜”模式收汁，直到酱汁达到你所需的浓稠度（可能需要用到滤脂器，因为羊腿肉很肥）。
7. 加入切碎的欧芹搅拌均匀，如果需要，在羊腿肉上再倒一些酱汁。

慢炖锅制作

4~8 小时

1. 将羊腿肉用海盐和黑胡椒碎调味，然后在一个大号煎锅里喷上一些低卡喷雾油，加入羊腿肉，中火加热5分钟，每个面煎至金棕色（这样做可以提味）。
2. 把羊腿肉放到慢炖锅中。
3. 煎锅中加少许伍斯特酱和牛肉高汤煮沸，加入洋葱、芹菜、胡萝卜和大蒜。炒几分钟，使酱汁均匀包裹它们，直到洋葱开始变色，然后加入番茄酱，炒 3~5 分钟。
4. 把步骤 3 中的酱汁材料倒入慢炖锅的羊腿肉上面，加入剩下的配料（除了欧芹），确保速食汤底溶解开。
5. 中温档位炖煮 4~5 小时，或低温档位炖煮 7~8 小时。
6. 羊腿肉炖烂后从慢炖锅中捞出，开盖，高温档位加热大约 30 分钟或直到酱汁达到你所需的浓稠度（可能需要用到滤脂器，因为羊腿肉很肥）。
7. 加入切碎的欧芹搅拌均匀，如果需要的话，在羊腿肉上再倒一些酱汁。

匈牙利烩牛肉

15 分钟 | 时间不固定（见下文） | 449 千卡 / 份

这道菜富含甜椒粉和番茄，用小火慢炖很长一段时间后——你可以用烤箱或慢炖锅来达到类似的效果，肉会变得美味嫩滑，并将味道释放到酱汁中。与我们的鹰嘴豆肉饭（见209页）一起享用，你将享受到一顿丰盛、美味的匈牙利盛宴！

每周放纵

使用无麸质速食汤底

4 人份

500 克用来炖煮的牛排（所有可见的脂肪都去掉），切成一口大小的肉块
3 汤匙烟熏甜椒粉
低卡喷雾油
1 个大号洋葱，切成大块
1 个红甜椒，去籽切成大块
1 个黄甜椒，去籽切成大块
3/4 茶匙大蒜碎
2 根中号胡萝卜，切成 2.5 厘米见方的小块
175 克中号土豆，去皮，切成 2.5 厘米见方的小块
1 罐 400 克番茄块罐头
2 汤匙番茄酱
500 毫升牛肉高汤（1 块牛肉速食汤底溶解于 500 毫升沸水中）
海盐和现磨的黑胡椒碎

搭配食用（可选）

蒸制或腌制的紫甘蓝

烤箱制作

2~2.5 小时

1. 把牛排均匀裹上甜椒粉。烤箱预热至 190℃。
2. 在一个大的焙烤盘内喷入低卡喷雾油，中火加热，放入牛排，煎 5 分钟直到肉变成金黄色。取出放在一边备用。
3. 继续中火加热焙烤盘，再喷一些低卡喷雾油，然后加入洋葱和甜椒。炒 3~4 分钟直到它们开始变软，然后把牛肉放回锅里，加入大蒜碎、胡萝卜、土豆、番茄酱、番茄块和牛肉高汤。充分搅拌并煮沸，然后盖上盖子，放入烤箱烤 1.5~2 个小时，或者直到牛排变得软烂为止。
4. 尝一下味道，必要时用海盐和黑胡椒碎调味。如果你喜欢，可以搭配紫甘蓝一起吃。

其他制作方式见 142 页……

匈牙利烩牛肉 ……继续

电压力锅制作

45 分钟

1. 把牛排均匀裹上甜椒粉。
2. 把压力锅调到炒菜模式，然后喷一点低卡喷雾油。加入牛排炒5分钟，直到肉变成金黄色。取出放在一边备用。
3. 继续在压力锅中再喷一些低卡喷雾油，然后加入洋葱炒 3~4 分钟直到它开始变软。
4. 把牛排、甜椒、大蒜碎、胡萝卜、土豆、番茄酱、番茄块和牛肉高汤加入压力锅中。压力锅调至手动/炖煮模式，时间设定30分钟，到时间后使压力自然释放。如果你觉得汤汁不够浓稠，可以打开盖子调至炒菜模式加热几分钟收汁。
5. 如果你喜欢，可以搭配紫甘蓝一起吃。

慢炖锅制作

4.5 小时

1. 把牛排均匀裹上甜椒粉。
2. 在一个煎锅中喷一点低卡喷雾油。加入牛排煎 5 分钟，直到每个面变成金黄色。
3. 把牛排、洋葱、甜椒、大蒜碎、胡萝卜、土豆放入慢炖锅，然后再加入番茄酱、番茄块和牛肉高汤，搅拌均匀。慢炖锅调至高温档位炖煮4.5小时，或低温档位炖煮6~7小时，直到牛排和菜变得软烂。
4. 尝一下味道，必要时用海盐和黑胡椒碎调味。
5. 如果喜欢，可以搭配紫甘蓝一起吃。

红酒葱烧牛肉

15 分钟 | 时间不固定（见下文） | 332 千卡 / 份

在菜肴中使用红葡萄酒和白葡萄酒汤底是一种既能降低热量又不影响口感的简单方法，你现在在大多数超市都能找到它们，它们非常适合做这种软烂的慢炖甜葱牛肉。这道菜是经典的法式风味，特别适合在寒冷的夜晚享受这顿美味大肴。

每周放纵

使用无麸质速食汤底

4 人份

4 块用来炖煮的牛排（所有可见的脂肪都去掉），每块 125 克左右
海盐和现磨的黑胡椒碎
低卡喷雾油
8 根大葱，纵向切开
2 枝百里香
土豆泥，搭配食用（可选）

肉卤配料

1/2 个洋葱，切碎
1 个小号胡萝卜，切碎
100 克芜菁甘蓝，去皮切碎
1 个小土豆，去皮切碎
600 毫升水
1 个红葡萄酒汤底
1 个牛肉汤底

烤箱制作

3.5~4 小时

1. 首先制作肉卤，将洋葱、胡萝卜、芜菁甘蓝和土豆放入炖锅，加水煮沸，然后调小火慢炖 30 分钟，直到蔬菜变软。加入汤底，关火，用搅拌棒搅拌至顺滑均匀。
2. 用海盐和黑胡椒碎给牛排调味。
3. 烤箱预热至 180℃。
4. 在一个大号煎锅里喷上一些低卡喷雾油，中大火加热。放入牛排，两面煎成金黄色，然后放入焙烤盘中（如果你的煎锅较小，可能需要分批进行，以避免锅内过度拥挤）。
5. 把大葱撒在牛排上，倒上肉卤，撒上百里香，盖上盖子之后，放入烤箱烤 3~3.5 个小时。
6. 3~3.5 个小时后检查牛排是否软烂，如有必要，再放回烤箱烤 30 分钟。直接食用，或搭配土豆泥。

其他制作方式见下页……

红酒葱烧牛肉 ……继续

电压力锅制作

50 分钟

1. 首先制作肉卤，将洋葱、胡萝卜、芜菁甘蓝和土豆放入炖锅，加水煮沸，然后调小火慢炖 30 分钟，直到蔬菜变软。加入汤底，关火，用搅拌棒搅拌至顺滑均匀。
2. 用海盐和黑胡椒碎给牛排调味。
3. 在一个大号煎锅里喷上一些低卡喷雾油，中大火加热。放入牛排，两面煎成金黄色，然后放入压力锅中（如果你的煎锅较小，可能需要分批进行，以避免锅内过度拥挤）。
4. 用同一个煎锅将大葱炒熟，然后放入压力锅中，撒在牛排上。
5. 倒入肉卤，再加入额外的 200 毫升水，撒上百里香。
6. 盖上盖子，压力锅调至手动 / 炖煮模式，时间设定 40 分钟，到时间后使压力自然释放。
7. 压力释放后检查牛排是否软烂，如果酱汁比较浓稠可以加一点水，如果酱汁比较稀可以将压力锅调至炒菜模式继续加热收汁。直接食用，或搭配土豆泥。

慢炖锅制作

4~9 小时

1. 首先制作肉卤，将洋葱、胡萝卜、芜菁甘蓝和土豆放入炖锅，加水煮沸，然后调小火慢炖 30 分钟，直到蔬菜变软。加入汤底，关火，用搅拌棒搅拌至顺滑均匀。
2. 用海盐和黑胡椒碎给牛排调味。
3. 在一个大号煎锅里喷上一些低卡喷雾油，中大火加热。放入牛排，两面煎成金黄色（如果你的煎锅较小，可能需要分批进行，以避免锅内过度拥挤）。将牛排放入慢炖锅中。
4. 将大葱撒在牛排上。
5. 倒入肉卤，再加入额外的 200 毫升水，撒上百里香。
6. 盖上盖子，慢炖锅调至高温档位炖煮 4~6 小时，或低温档位炖煮 8~9 小时。
7. 检查牛排是否软烂，或再加热约 1 小时。直接食用，或搭配土豆泥。

法式香醋炖鸡

15 分钟 | 30 分钟 | 197 千卡 / 份

这道经典的奶油口感的法国菜原本使用的配料通常只有法国人才能感受到它们！半瓶雪利酒！但我们将配方略微做了改动，加入了清新的成分——白葡萄酒汤底和白葡萄酒醋，降低了摄入的热量。吃完它你可以想象自己身处法国南部！

每周放纵

使用无麸质速食汤底

4 人份

低卡喷雾油
8 只鸡大腿（鸡皮和可见的脂肪都去掉）
1/2 个洋葱，切碎
2 个蒜瓣，压碎
2 个番茄，去皮去籽，切成小块
1 茶匙番茄酱
1/2 茶匙英式芥末粉
300 毫升鸡高汤（1 块鸡肉速食汤底溶解于 300 毫升沸水中）
1 个白葡萄酒汤底
3 汤匙白葡萄酒醋
75 克低脂奶油奶酪
1 茶匙剁碎的新鲜龙蒿

搭配食用（可选）

清蒸青菜或土豆泥

1. 在一个大号的厚底平底锅（带盖）里喷上一些低卡喷雾油，大火加热。加入鸡大腿，每个面煎2~3分钟，煎至鸡腿呈金黄色，然后从锅里取出，放在一边备用。
2. 将火调小，再喷一点低卡喷雾油，加入洋葱和大蒜，炒 3 分钟，或者直到它们稍微变软但没有变色的状态。加入番茄块、番茄酱和芥末粉，煮 1 分钟。
3. 倒入鸡高汤、白葡萄酒汤底和白葡萄酒醋，搅拌均匀，小火炖。把鸡大腿放回锅里，盖上盖子，小火炖煮 20~25 分钟，直到鸡肉完全煮熟。当你用锋利的小刀刺穿鸡腿时，有汁液从中流出。
4. 把鸡大腿从锅里取出，裹上锡纸保温。
5. 把火调大，将酱汁快速煮沸6~8分钟，或者直到酱汁开始变稠为止（它应该呈现类似于奶油的稠度）。拌入奶油奶酪和龙蒿碎，然后把鸡大腿放回平底锅里加热。
6. 如有需要，可搭配清蒸青菜或土豆泥食用。

The Cock and Bull is

ABSOLUTELY AMAZING

could have been the

REAL THING

“鸡肉炖牛肉”
是真的
太不可思议了

吉利安

“

地中海风味羊腿，
哇，味道如此浓郁，我肯定还会再做的。

朱莉

哇哦——羊肉古拉奇，
给我一家带来很大的冲击，真正的美味。

克莱尔

牛肉拉古酱意大利宽面

10 分钟 | 时间不固定（见下文） | 445 千卡 / 份

这道菜很适合家庭聚餐，它富含牛肉和番茄，是漫长的一天的完美结束。搭配一小杯红酒和一份沙拉，可以让你享受一顿丰盛的大餐，或者也可以在全家人聚餐时享用！

日常轻食

4 人份

300 克用来炖煮的牛排（所有可见的脂肪都去掉）切成一口大小的肉块
海盐和现磨的黑胡椒碎
低卡喷雾油
1 个洋葱，切碎
1 个中号胡萝卜，细细切碎
1 个西葫芦，细细切碎
150 克口蘑，切片
2 个蒜瓣，压碎
1 盒 500 克盒装浓番茄酱
300 毫升牛肉高汤（2 块牛肉速食汤底溶解于 300 毫升沸水中）
2 茶匙干牛至叶粉
2 茶匙干罗勒
1 茶匙伍斯特酱
2 汤匙番茄酱
50 克薏仁米
200 克干意大利宽面
擦碎的帕尔玛芝士，待用（可选）

炉灶制作

2.5 小时

1. 用海盐和黑胡椒碎给牛排调味。
2. 在一个大号炖锅里喷上一些低卡喷雾油，大火加热，把牛排煎10分钟，煎至金黄色。
3. 牛排变色之后，加入蔬菜炒几分钟，再将除意大利宽面和薏仁米之外的其余配料放入锅中。充分搅拌，盖上盖子，小火炖 1 个小时，中途搅拌几次。
4. 1 个小时后，加入薏仁米搅拌均匀。盖上盖子，再煮 1 个小时，直到牛排变得软烂，即成拉古酱。
5. 在拉古酱做好大约 20 分钟前，在锅内煮水，并根据包装上的煮制说明煮意大利宽面。
6. 将煮熟的、沥过水的意大利宽面加入拉古酱中，混合均匀，即可上桌，可以在吃之前撒上擦碎的帕尔玛芝士（如果使用的话记得要计算热量）。

其他制作方式见下页……

牛肉拉古酱意大利宽面 ……继续

电压力锅制作

30 分钟

1. 用海盐和黑胡椒碎给牛排调味。
2. 煮一大锅水，用来煮意大利宽面。
3. 把压力锅调到炒菜模式，喷一点低卡喷雾油。分批次加入牛排煎几分钟，直到牛排变成金黄色。取出放在一边备用。
4. 加入大蒜和蔬菜炒2分钟，然后按下停止键，加入剩下的配料，包括处理好的牛排（不包括意大利宽面和帕尔玛芝士）。盖上盖子，压力锅调至手动/炖煮模式，时间设定30分钟，确认放气阀是关闭的。到时间后使压力自然释放。
5. 根据包装上的煮制说明煮意大利宽面，煮好后沥干水分，加入拉古酱中。
6. 立即上桌，可以在吃之前撒上擦碎的帕尔玛芝士（如果使用的话记得要计算热量）。

慢炖锅制作

6 小时

1. 用海盐和黑胡椒碎给牛排调味。
2. 在一个大号煎锅里喷上一些低卡喷雾油，中火加热，加入牛排煎几分钟，直到牛排变成金黄色。加入大蒜和蔬菜，再炒2分钟。
3. 将步骤2倒入慢炖锅中，然后加入剩下的配料（不包括意大利宽面和帕尔玛芝士）慢炖锅调至中高温档位炖煮5~6小时，或直到牛排变得软烂为止。
4. 煮一大锅水，根据包装上的煮制说明煮意大利宽面，煮好之后沥干水分，加入拉古酱中。
5. 立即上桌，可以在吃之前撒上擦碎的帕尔玛芝士（如果使用的话记得要计算热量）。

羊肉古拉奇

10 分钟 | 时间不固定（见下文） | 356 千卡 / 份

羊肉是一种典型的高脂肪肉类，所以在低热量食谱中经常避免使用。然而，当它经过长时间炖煮的时候，脂肪已经被消耗掉了，而肉质还是鲜嫩的。虽然这道保加利亚菜的准备工作很烦琐，但它确实是纯正的风味，值得一试。你可以让它自己慢慢煮着，而你继续做其他事情。

每周放纵

使用无麸质速食汤底

4 人份

500 克羊肉（所有可见的脂肪都去掉），切小块
海盐和现磨的黑胡椒碎
低卡喷雾油（如果使用慢炖锅则不需要）
1 个洋葱，切小块
4 个蒜瓣，切碎
1 个青椒，去籽切小块
1 个红椒，去籽切小块
10 个口蘑，切片
2 块羊肉速食汤底
1 块牛肉速食汤底
2 片月桂叶
2 茶匙切碎的新鲜欧芹
1 大撮干辣椒碎
2 罐 400 克番茄块罐头
1 茶匙烟熏甜椒粉
1 茶匙孜然粉
1 茶匙红酒醋
1 汤匙番茄酱

搭配食用

鹰嘴豆肉饭（见 209 页）

烤箱制作

1 小时 40 分钟

1. 用海盐和黑胡椒碎给羊肉调味。
2. 烤箱预热至 180℃。
3. 在一个大号的耐热焙烤盘里喷上一些低卡喷雾油，加入羊肉块，中火煎 5 分钟。放置一旁备用。
4. 继续加一些低卡喷雾油，然后加入洋葱和大蒜中火炒 3~4 分钟，直到它们开始变软。将羊肉放回焙烤盘中，并加入 250 毫升水。
5. 加入剩下的所有配料，混合均匀，盖上盖子炖煮1.5小时。1小时的时候检查一下，确保液体没有蒸发完。如果液体快要都蒸发了，可以加适量水。
6. 1.5 小时的时候，看一下羊肉是否炖好了，如果没有可以继续炖 30 分钟。
7. 羊肉炖好之后尝一下味道，有必要的话可以再加一点海盐和黑胡椒碎，如果汤汁需要浓稠一些，可以放回烤箱继续加热，不要盖上盖子。可以搭配鹰嘴豆肉饭食用。

其他制作方式见下页……

电压力锅制作

1 小时

1. 用海盐和黑胡椒碎给羊肉调味。
2. 压力锅调到炒菜模式，喷一点低卡喷雾油，加入羊肉块炒 5 分钟至变色。取出放在一边备用。
3. 继续加一些低卡喷雾油，放入洋葱和大蒜中火炒 3~4 分钟，直到它们开始变软。将羊肉放回压力锅中，并加入 250 毫升水。
4. 加入剩下的所有配料，压力锅调至手动 / 炖煮模式，时间设定 50 分钟，到时间后使压力自然释放。
5. 如果汤汁需要浓稠一些，可以打开盖子，将压力锅调回炒菜模式，加热 5 分钟，使水分蒸发一些。
6. 尝一下味道，有必要的话可以再加一点海盐和黑胡椒碎，可搭配鹰嘴豆肉饭食用。

慢炖锅制作

5 小时

1. 用海盐和黑胡椒碎给羊肉调味。
2. 把除海盐和黑胡椒碎之外的所有配料放入慢炖锅，搅拌均匀。慢炖锅调至高温档位，盖盖子炖煮 5 小时，或低温档位炖煮 8 小时。直到肉和菜变得软烂为止。
3. 尝一下味道，有必要的话可以再加一点海盐和黑胡椒碎，可搭配鹰嘴豆肉饭食用。

烘焙和烤肉

培根芝士土豆

10 分钟 | 40 分钟 | 263 千卡 / 份

当你想到装满馅料的土豆的时候，你很容易认为它们里面装的是高热量的食材。不过，用一些简单的替代品，你可以复刻所有味道，感觉像一顿充满奶酪的放纵大餐，却避免了所有的高热量。

每周放纵

4 人份

4 个中号土豆
6 片圆培根
5 根小葱，切成葱花
200 克脱脂茅屋芝士
海盐和现磨的黑胡椒碎
30 克帕尔玛芝士，磨碎

1. 把土豆擦洗干净，用叉子扎上眼，用微波炉烤熟（如果没有微波炉，把烤箱预热到200℃，放入土豆烤1小时15分钟左右，直到其熟透变成金黄色）。
2. 圆培根放到烤架上，入烤箱烤或用煎锅煎好，放在一边待用。
3. 烤箱预热至200℃。
4. 让煮熟的土豆稍微冷却一下（刚好能让你在不烫伤自己的情况下处理它们），然后将它们纵向切成两半，舀出土豆中间部分放入碗中，确保外皮不破。
5. 把培根切成小块。
6. 用叉子把土豆压碎，加入葱花和茅屋芝士，再加入海盐和黑胡椒碎调味。
7. 用勺子把步骤6的混合物舀回空的土豆皮里，轻轻压一下。在每个土豆上均匀撒上切碎的培根和帕尔玛芝士。把填好的土豆放在烤盘上，放入烤箱烤约20分钟，或者直到帕尔玛芝士熔化成金黄色，就可以食用了。

猎人鸡

10 分钟 | 时间不固定（见下文） | 343 千卡 / 份

作为英国酒吧里的经典之作，这款猎人鸡是家庭聚餐和晚宴的理想选择。再加上一些低脂的芝士，表皮烤的脆脆的，感觉真的是一种丰盛的、放纵的享受。我们提供了使用慢炖锅或在烤箱中烹饪的做法。你会忍不住想要自己开一家酒吧，只是为了向大家介绍它！

每周放纵

4 人份

4 块鸡胸肉（所有可见的脂肪都去掉）
4 片圆培根
1/2 个洋葱，切丁
2 个蒜瓣，压碎
1 罐 400 克番茄块罐头
1 汤匙番茄酱
1/2 个柠檬挤出的汁
1 汤匙烤肉调料
1/4 茶匙烟熏甜椒粉（如果你没有，可以用辣椒粉或普通甜椒粉）
1 汤匙意大利香醋
2 汤匙伍斯特酱
2 汤匙白葡萄酒醋
1 汤匙辣酱
1 茶匙芥末粉
1 茶匙粒状甜味剂
80 克低脂切达芝士，磨碎

烤箱制作

1 小时

1. 烤箱预热至180°C。在每块鸡胸肉的中间部分用圆培根包裹，然后用牙签固定住。
2. 把剩下的所有原料（除了芝士）放进一个有盖的耐高温焙烤盘里。把鸡肉放在最上面，盖上盖子，放入烤箱烤1小时。
3. 时间到了之后，检查一下鸡肉是否已经烤好。把它从锅里盛出来，放在一边备用。用手持搅拌棒把焙烤盘内的酱汁搅拌均匀。
4. 把做好的鸡肉放到一个耐热的盘子里，去掉牙签。把酱汁倒在鸡胸肉上，再均匀撒上切达芝士。放在烤架下，将芝士烤化，会呈现漂亮的金黄色。

慢炖锅制作

2.5~3 小时

1. 在每块鸡胸肉的中间部分用圆培根包裹，然后用牙签固定住。
2. 把剩下的所有原料（除了芝士）放进慢炖锅里，搅拌均匀。鸡肉放在最上面，盖上盖子，慢炖锅调至高温档位，炖煮2.5~3小时（如果你要离开一整天，可以调至低温档位）。
3. 时间到了之后，检查一下鸡肉是否已经熟透。把它从慢炖锅里盛出来，放在一边备用。用手持搅拌棒把锅内的酱汁搅拌至顺滑。

4. 把做好的鸡肉放到一个耐热的盘子里，去掉牙签。把酱汁倒在鸡胸肉上，再均匀撒上切达芝士。放在烤架下，将芝士烤化，会呈现漂亮的金黄色。

烤培根、洋葱和土豆

10 分钟 | 1 小时 15 分钟 | 415 千卡 / 份

这道菜是我小时候的最爱之一，当时它被亲切地称为“普拉特罐头”。这是一道非常容易做的菜，用的原料很少，但是它的味道是无法言喻的棒！说真的，我们认为这将给你带来全新的味觉冲击。

每周放纵

使用无麸质速食汤底

4 人份

2 个洋葱，切片
1 千克中号土豆，去皮切片
16片圆培根（如果你喜欢，可以使用更多培根，视情况而定，但是会增加热量）
200 毫升鸡肉高汤或蔬菜高汤（1 块鸡肉速食汤底或蔬菜速食汤底溶解于 200 毫升沸水中）
海盐和现磨的黑胡椒碎
40 克低脂切达芝士，磨碎

1. 烤箱预热至200℃。
2. 在烤盘的底部铺一层洋葱片。洋葱上面放一层土豆片和培根，或者两片土豆片之间夹一片培根。接下来再加一层洋葱。重复这一步骤，直到把培根和土豆都用完。最后应该至少有三层。
3. 把高汤倒入，然后加少许海盐和黑胡椒碎调味。盖上锡纸，把盘子边缘紧紧封住。
4. 放入烤箱烤1小时，然后去掉锡纸，检查一下土豆是否煮熟。如果没有，重新盖上锡纸，放回烤箱里再烤一段时间。烤熟后，撒上芝士，然后再放回烤箱烤10~15分钟，或者直到芝士熔化，呈现金黄色为止。

小贴士

使用含淀粉较多的土豆，因为它们能大量吸收汤汁和味道。

布法罗填馅

5 分钟 | 30 分钟 | 68 千卡 / 份

用红薯替换土豆是减少热量摄入的一种好方法。用经典的布法罗辣酱和一些金色的熔化芝士，平衡了红薯的味道，这些都是完美的健康方式，去放纵一下吧。

每周放纵

4 人份

4 个中号红薯
5 根葱，切碎
20 克脱脂切达芝士，磨碎
75 克低脂奶油奶酪
1 茶匙布法罗鸡翅辣酱
海盐和现磨的黑胡椒碎
15 克帕尔玛芝士（或素食硬芝士），磨碎

搭配食用

蔬菜沙拉

1. 给红薯刺几个孔，用微波炉加热 10 分钟左右，或者直到它们熟了为止，然后让它们稍微冷却（如果没有微波炉，就把烤箱预热到 200℃，然后将红薯烤 35~45 分钟，直到熟透）。
2. 烤箱预热至200℃。
3. 把红薯纵向切成两半，舀出红薯中间部分放入碗中。用叉子把红薯压碎，然后加入葱、切达芝士、奶油奶酪和辣酱。用海盐和黑胡椒碎调味（你也可以把填好的红薯冷冻起来，改天再吃）。
4. 把空的红薯外皮放在烤盘上。用勺子把混合物舀回空的红薯皮里，轻轻压一下。在每个红薯顶部均匀撒上帕尔玛芝士。放入烤箱大约烤20分钟，或者直到帕尔玛芝士熔化成金黄色。趁热食用或冷却之后搭配新鲜的蔬菜沙拉。

脏脏汉堡

10 分钟 | 25 分钟 | 268 千卡 / 份

脏脏汉堡是一道美味的充满肉馅的菜，通常将馅料放在一个小面包里。这里把面包换成甜椒，并使用瘦肉馅，使它变成一个更健康的版本，但保持了原菜谱中最重要的美妙滋味。

每周放纵

4 人份

低卡喷雾油
1 个洋葱，切碎
2 个蒜瓣，切碎
1 个青椒，去籽，切丁
400 克 肥肉含量 5% 的牛肉末
1 茶匙芥末粉
3 汤匙伍斯特酱
3 汤匙番茄酱
1 汤匙红酒醋
120 毫升水
海盐和现磨的黑胡椒碎
1 个红甜椒，纵向切开，去籽
1 个黄甜椒，纵向切开，去籽
40 克低脂切达芝士，磨碎

1. 烤箱预热至200℃。
2. 在一个大号煎锅里喷上一些低卡喷雾油，中火加热。加入洋葱、大蒜和青椒丁，炒4~5分钟直到开始变软。
3. 加入牛肉末，调至高火炒5分钟，不停搅拌，用木勺将肉末打散。
4. 再放入芥末粉、伍斯特酱、番茄酱、醋和水，调小火继续煮3~4分钟。用海盐和黑胡椒碎调味。
5. 把牛肉混合物均匀地放入四份甜椒中。
6. 把芝士均匀地撒在每一份甜椒上，放在烤盘上入烤箱烤10分钟，直到芝士变成金黄色，甜椒刚刚烤熟，但咬起来仍然有点咯吱作响的状态。

意大利香醋小扁豆配猪肉

5 分钟 | 30 分钟 | 250 千卡 / 份

豆类是最令人满意的低热量食材，富含蛋白质和纤维，同时具有极好的饱腹感，可作为一顿美餐的基础。如果没有干扁豆，可以用一包 250 克的熟扁豆代替。

日常轻食

使用无麸质速食汤底

4 人份

500 克猪排（所有可见的脂肪都去掉），划 4 刀
12 枝百里香
海盐和现磨的黑胡椒碎
125 克 小扁豆，洗净
低卡喷雾油
1 个洋葱，切碎
2 个中号胡萝卜，切小丁
2 个蒜瓣，压碎
150 毫升鸡高汤（1 块鸡肉速食汤底溶解于 150 毫升沸水中）
1 罐 400 克番茄块罐头
2 汤匙意大利香醋

1. 烤箱预热至190℃。
2. 在猪排的每一处切口里夹一小枝百里香，用海盐和黑胡椒碎调味。放在烤盘上，放入烤箱烤30分钟。
3. 将扁豆放入平底锅中，加入三倍体积的水，煮沸后小火慢炖20分钟。
4. 煮扁豆的时候，在一个大平底锅内加入低卡喷雾油，然后小火加热。加入洋葱、胡萝卜和大蒜碎，炒10分钟，或直到洋葱变软为止。把剩下的百里香叶从小枝上剥下来，加入锅里，再倒入高汤和番茄块。小火炖煮10分钟。
5. 扁豆沥干水分，放入步骤4的锅里。加入意大利香醋，再煮5分钟。
6. 把猪排从烤箱里拿出来，检查一下是否熟透，猪排切成十二条。把扁豆平均舀在四个盘子里，上面再放上猪排条就可以了。

约克郡布丁卷

10 分钟 | 10 分钟 | 281 千卡 / 份

当我们之前研究一个巨大的约克郡布丁的食谱（见下面的小贴士）时，产生了一个想法，这可能是、也可能不是出于对碳水化合物的渴望。如果我们把面糊做成三明治填充物的包裹物呢？付诸行动后，现在它已成了我们的最爱。搭配沙拉和烤牛肉片，打造完美的烤牛肉约克郡布丁卷。

每周放纵

2 人份

低卡喷雾油
30 克普通面粉
2 个中号鸡蛋
75 毫升脱脂牛奶
1 撮海盐
6 个口蘑，切片
1/2 个洋葱，切片
1 把芝麻菜
2 片烤牛肉（去除肥肉部分）

搭配食用

蔬菜沙拉

1. 烤箱预热至230℃。在一个直径23厘米（9英寸）的圆形蛋糕锡模中喷上低卡喷雾油。将涂过油的锡模放在烤箱中烤1~2分钟，直到油开始轻微起泡。
2. 同时，把面粉、鸡蛋、牛奶和一撮海盐放在一个大小适中的碗里，用手搅拌，直到混合物变得顺滑。
3. 从烤箱中取出热的锡模，倒入面糊，然后将模具放回烤箱中烤8~10分钟，或者直到布丁在边缘逐渐卷起并呈金黄色。不要把它烤得太脆，因为这可能会使它很难卷起。
4. 烤约克郡布丁的时候，在平底锅喷一些低卡喷雾油，中火加热。锅中加入切好的口蘑和洋葱，炒4~5分钟，直到它们变成金黄色并烹熟。
5. 把约克郡布丁从烤箱取出，从蛋糕模中拿出来，盖上芝麻菜，再加入牛肉片、煮熟的洋葱和口蘑，卷起，切成两半，与沙拉一起食用。

小贴士

这个方法也能做出一个很棒的约克郡布丁，只需在烤箱里多烤一段时间（10~12分钟），直到布丁膨胀，变成金棕色。

柠檬百里香烤鸡肉

5 分钟 | 大约 1.5 小时 | 167 千卡 / 份

没有什么比一顿美味的家常烤肉更好的了。柠檬和百里香的经典风味组合，你会得到一份美味、多汁的鸡肉，再配上自制肉卤和烤蔬菜。它会让你吃了还想吃！烹调后去皮，仍然有美妙的味道，滋味会浸入肉里，同时减少了脂肪的摄入。

日常轻食

4~6 人份

1 只大号的鸡

1 个柠檬的皮，磨碎（然后将柠檬对半切开，配餐）

1 茶匙盐（最好是颗粒盐）

黑胡椒碎

1/2 茶匙干百里香（或 1 枝新鲜百里香）

1/2 茶匙干意大利香草

2 个蒜瓣，压碎

低卡喷雾油

250 毫升水

搭配食用

清蒸青菜

1. 在做饭前30分钟，把鸡从冰箱里拿出来解冻。
2. 烤箱预热至190°C。
3. 把鸡肉放在一个大的深烤盘里，底部放一个架子。如果没有架子，那么放一个用锡纸做的三脚架就可以了（你不会希望鸡肉在烘烤的时候泡在汁液和脂肪里）。
4. 把柠檬皮屑、盐、黑胡椒碎、百里香、意大利香草和大蒜放在一个碗里搅拌均匀。
5. 将低卡喷雾油喷在鸡肉上，然后把混合香草涂在鸡肉上。把一半柠檬放入鸡腹内。
6. 将水倒入烤盘底部，按照包装说明将鸡肉烤熟，直到将刀插入鸡腿最粗的部位时，不会有汁液留出（每千克鸡肉大约需要烤40分钟）。
7. 把鸡肉从烤箱中取出，静置15分钟后搭配青菜食用。

THE

Sloppy Joes

ARE ANOTHER

DEFINITE HIT!

脏脏汉堡

是另一个绝佳的惊喜！

凯瑞

“

今晚制作了凯撒风味薯饼，

被 6 个少年狼吞虎咽吃得干干净净。

黛比

刚做了意大利芝士菠菜卷，

真是太好吃了！

凯特琳

凯撒风味薯饼

10 分钟 | 40 分钟 | 162 千卡 / 份

包含了4种蔬菜的美味薯饼，营养丰富，热量很低。加上烤至金黄的香喷喷的芝士，真是令人期待的一餐。

每周放纵

4 人份

400 克中号土豆，去皮切小块
200 克芜菁甘蓝，去皮切小块
低卡喷雾油
1/2 个小洋葱，切片
125 克绿色或白色圆白菜，切薄片
海盐和现磨的黑胡椒碎
1 个中号蛋黄
40 克低脂切达芝士，磨碎

1. 将土豆块和甘蓝块放入煮沸的盐水锅里煮软，然后沥干水分备用。
2. 烤箱预热至200°C。
3. 在一个大号煎锅里喷上一些低卡喷雾油，中火加热。加入洋葱和圆白菜，炒3~4分钟，直到它们开始稍微变软，然后加入煮熟的土豆和甘蓝，用叉子或勺子大致捣碎。如果你喜欢的话可以留一些块状的。
4. 用海盐和黑胡椒碎调味，加入蛋黄。放在一个耐热的盘子里，把磨碎的芝士均匀地撒在上面，然后放入烤箱烤15~20分钟，或者直到芝士熔化，呈金黄色。
5. 从烤箱里取出食用。

韭葱鸡肉火腿派

5 分钟 | 30 分钟 | 301 千卡 / 份

通过一些简单的替代品，使派变成星期五晚上的奇妙大餐，但热量并不高。用薄酥皮代替传统的高密度、高热量的挞皮，可以重现经典的派的味道和质地。低脂奶油奶酪与其他配料相混合，制成一种华丽的奶油酱，非常适合这道菜。可搭配蔬菜沙拉或时令清蒸蔬菜食用。

每周放纵

4 人份

低卡喷雾油
1 大根韭葱（又叫扁葱、洋蒜苗），洗净切片
1/2 个洋葱，切碎
500 克鸡胸肉（所有可见的脂肪都去掉），切小块
2 茶匙英式芥末粉
350 毫升鸡肉高汤（1 块鸡肉速食汤底溶解于 350 毫升沸水中）
1 汤匙玉米淀粉
1 汤匙水
75 克低脂奶油奶酪
150 克熟火腿，去掉肥的部分，切成一口大小的块
1 枝百里香上的叶子，切碎
50 克薄酥皮（大约 2.5 小张）

1. 烤箱预热至200°C。
2. 在一个炖锅里喷上一些低卡喷雾油，小火加热。加入切好的韭葱和洋葱，炒6~8分钟，直到它们变软，然后加入鸡肉炒5分钟。再加入芥末粉和鸡肉高汤，煮沸后继续加热10分钟。
3. 用1汤匙水调开玉米淀粉，加入锅中迅速搅拌均匀制成酱汁，然后一边搅拌一边加入奶油奶酪、火腿、百里香，将混合物倒入一个中号的派盘。
4. 将薄酥皮切成12片，每片喷一点低卡喷雾油，然后轻轻擀揉一下，把揉过的皮放在鸡肉混合物的上面，覆盖住整个派盘。
5. 将盘子放入烤盘，放入烤箱烤10分钟，直到酥皮变成金黄色。立刻上桌食用。

烤金枪鱼意大利面

10 分钟 | 20 分钟 | 313 千卡 / 份

这款烤意面结合了最棒的风味组合：金枪鱼和芝士！想象一下，热乎乎的、熔化的芝士配金枪鱼意大利面。丰盛又美味，这道烘烤菜品用了较少的芝士，但巧妙地用调味料丰富了味道。

每周放纵

6 人份

300 克干意大利面（你喜欢的任何形状）
低卡喷雾油
2 个西葫芦，切成 1 厘米见方的小丁
5 根小葱，修整切片
1/2 茶匙烟熏甜椒粉
1/2 茶匙大蒜碎
400 毫升蔬菜高汤或鸡肉高汤（2 块蔬菜速食汤底或鸡肉速食汤底溶解于 400 毫升沸水中）
100 克冻豌豆
100 克菠菜
1/2 个柠檬榨成的汁
150 克低脂奶油奶酪
2 罐 160 克金枪鱼罐头，沥干
40 克低脂切达芝士，磨碎

1. 烤箱预热至200°C。
2. 煮沸一大锅水，根据包装上的说明来煮意大利面。
3. 煮意大利面时，在一个大号煎锅里喷上一些低卡喷雾油，中火加热。加入西葫芦和小葱炒5分钟，然后加入甜椒粉和大蒜碎翻炒。倒入高汤、冻豌豆、菠菜和柠檬汁，煮2~3分钟，直到菠菜熟透变软为止，然后加入奶油奶酪搅拌均匀。
4. 在碗中把金枪鱼捣碎。
5. 意大利面沥干水分，和金枪鱼碎一起放入装有蔬菜的锅里。混合搅拌，使所有原料充分融合。混合物放在一个耐热的大盘里，把磨碎的芝士撒在上面，放在烤盘上，放入烤箱烤15分钟。
6. 从烤箱里拿出来即可食用。

烤意大利肉酱面

20 分钟 | 时间不固定（见下文） | 403 千卡 / 份

没有什么比一盘优质的意大利肉酱面更经典的了，也许一份优质的烤意大利面例外。那么，为什么不把这两者结合在这道充满馅料的美味的烤意大利肉酱面中呢？这是一个特殊的慢炖锅 / 压力锅食谱，很容易提前准备。也是一个超级简单的组合，适用于方便地制作家庭晚餐。

日常轻食

4 人份

400 克肥肉含量 5% 的牛肉末
海盐和现磨的黑胡椒碎
低卡喷雾油
1 盒 500 克盒装浓番茄酱
1 罐 400 克番茄块罐头
1 汤匙番茄酱
1 个中号胡萝卜，切小块
1 根芹菜，切小块
5 个蘑菇，切小块
1 个甜椒（红色、绿色或黄色），去籽切小块
1 个洋葱，切小块
4 个蒜瓣，压碎
1 汤匙伍斯特酱
2 块牛肉速食汤底，压碎
1/2 茶匙干牛至叶粉
1/2 茶匙干罗勒
1/4 茶匙干迷迭香
200 克干意大利面（你喜欢的任何形状，比如管状、贝壳状、饺子状）
250 毫升开水

电压力锅制作

45 分钟

1. 用海盐和黑胡椒碎给肉末调味，放置一旁备用。
2. 锅中喷入一点低卡喷雾油。加入洋葱和大蒜炒 3~4 分钟至变软。再加入肉末炒至棕色。
3. 加入除意大利面和开水之外的剩下所有配料，倒入压力锅中炖 30 分钟，到时间后使压力自然释放。
4. 打开盖子加入意大利面和开水，搅拌均匀，按照包装说明所需的一半时间来煮意大利面。如意大利面需要在炉灶上煮 12 分钟，那么就把压力锅设定为 6 分钟。煮熟后，自然释放压力。搅拌一下即可食用。

慢炖锅制作

5 小时 30 分钟

1. 用海盐和黑胡椒碎给肉末调味，放置一旁备用。
2. 将除意大利面和开水之外的所有配料加入慢炖锅，调至中高温档位，炖煮 5 小时。5 小时之后加入开水和意大利面搅拌均匀。继续炖煮 25~30 分钟。煮好后，加海盐和黑胡椒碎调味。

帕尔玛芝士鸡

15 分钟 | 35 分钟 | 277 千卡 / 份

这道菜是童年的最爱。没有什么比放学回家后能吃到热乎乎的、浓郁的帕尔玛芝士鸡更好的了。这个版本用全麦面包来增加一些纤维和减少热量。

每周放纵

4 人份

2 块鸡胸肉（鸡皮和所有可见的脂肪都去掉）
1 盒 500 克 盒装浓番茄酱
1 罐 400 克樱桃番茄罐头（番茄块罐头也可以）
1 汤匙干牛至叶粉
2 汤匙番茄酱
200 毫升水
1 撮干辣椒碎（可选）
海盐和现磨的黑胡椒碎
3 个蒜瓣，压碎
1 个大号鸡蛋
120 克全麦面包（时间久一点的面包效果最好）
30 克帕尔玛芝士，磨碎
低卡喷雾油
40 克低脂切达芝士，磨碎

1. 烤箱预热至190℃。
2. 把鸡胸肉纵向切开共4片，每片放在两张保鲜膜之间，用擀面杖敲打，直到它变成大约5毫米厚。对每一片鸡肉重复上述步骤，然后放在一边。
3. 把浓番茄酱、罐装樱桃番茄、干牛至粉、番茄酱、水和辣椒碎放在一个大号烤盘里，用海盐和黑胡椒碎调味。加入压碎的大蒜，拌匀备用。将鸡蛋放入一个碗中打发。
4. 把面包放入一个小型电动搅拌机或食物料理机中，磨成细屑。将面包屑放入一个浅盘中，加入磨碎的帕尔玛芝士。
5. 将鸡肉上的保鲜膜去掉。取一块鸡肉蘸一下打发好的鸡蛋液，然后放进面包屑里，确保蘸均匀。每一块鸡肉都重复这个流程，剩下的面包屑可以在后面用到。
6. 在一个大号煎锅里喷上一些低卡喷雾油，中火加热。把每一块鸡肉两边各煎3分钟，或煎至鸡肉呈金黄色。在翻面之前，喷上一些低卡喷雾油（不需要把鸡肉完全煎熟，之后还会放入烤箱继续烤制）。
7. 把每一块鸡肉放入烤盘里，再倒上番茄酱汁。把磨碎的切达芝士加进剩下的面包屑中，均匀地撒在每一块鸡肉上，然后入烤箱烤25分钟，直到芝士熔化为止。
8. 立即上桌食用。

坎伯兰派

10 分钟 | 时间不固定（见下文） | 520 千卡 / 份

这道最受欢迎组合将丰富的牛肉汤和土豆片结合在一起，做成了一种熟悉但健康的坎伯兰派。加入一点新鲜的香草和少量的伍斯特酱，再替换一些简单的调料，你永远不会猜到它的热量到底有多低。

每周放纵

6 人份

750 克用来炖煮的牛排（所有可见的脂肪都去掉）切成一口大小的肉块
海盐和现磨的黑胡椒碎
低卡喷雾油
450 毫升牛肉汤（1 块牛肉速食汤底溶解于 450 毫升沸水中）
2 个洋葱，切小丁
3 个中号胡萝卜，切碎
2 根芹菜，切成块
几枝百里香
2 汤匙番茄酱
2 汤匙伍斯特酱
2 块牛肉速食汤底
3 片月桂叶
900 克中号土豆，去皮
3 汤匙玉米淀粉
120 克低脂切达芝士，磨碎

烤箱或炉灶制作

3~3.5 小时

1. 用海盐和黑胡椒碎给牛排调味。烤箱预热至160℃。
2. 在一个耐高温的烤盘内喷上低卡喷雾油，中火加热。分批将牛排煎至变色，放在一边备用。在锅中加一点牛肉汤，搅拌一下，并刮去粘在锅底的肉片。当底部没有残渣时，加入洋葱、胡萝卜、芹菜和百里香，煮4~5分钟直到配菜变软，然后加入番茄酱和伍斯特酱。
3. 加入剩下的汤，煎过的牛排和月桂叶。搅拌并煮沸，然后盖上盖子，在炉灶上用小火加热2~2.5小时。
4. 煮牛排的时候，把土豆煮到快要熟透，但仍然有一定硬度的状态。它们稍微冷却后，切成约1厘米厚的片。
5. 2~2.5小时后，加入牛肉速食汤底搅拌。用水调开玉米淀粉，加入锅中迅速搅拌均匀，小心不要把肉过度搅碎。将烤箱预热至200℃。
6. 把混合物倒入一个大的烤盘或意式宽面盘里。然后把土豆片在肉的顶层一层层码好，喷上一些低卡喷雾油。
7. 放入烤箱烤 20 分钟，然后在上面撒上磨碎的芝士，再烤 10 分钟，直到芝士熔化并变成金黄色。

其他制作方式见 188 页……

坎伯兰派 ……继续

电压力锅制作

50 分钟

1. 用海盐和黑胡椒碎给牛排调味。锅中喷入一点低卡喷雾油。加入牛排肉块，炒至棕色，炒好后倒入压力锅中。
2. 在压力锅中加一点牛肉汤，搅拌一下，加入洋葱、胡萝卜、芹菜和几枝百里香，加热4~5分钟，直到这些菜开始变软。倒入番茄酱和伍斯特酱，再加入剩下的高汤、速食汤底和月桂叶。
3. 给压力锅盖上盖子，炖 15 分钟。
4. 同时，另起锅将土豆煮到快要熟透，但仍然有一定硬度的状态。沥水让它们稍微冷却后，切成约 1 厘米厚的片。
5. 使压力锅的压力自然释放后，打开盖子。
6. 烤箱预热至 200℃。用水调开玉米淀粉，加入锅中迅速搅拌均匀，小心不要把肉过度搅碎。
7. 将混合物放入一个大号烤盘或意式宽面盘中，然后将土豆在顶层一层层码好，同时喷一些低卡喷雾油。放入烤箱烤 20 分钟，然后在上面撒上磨碎的芝士，再烤 10 分钟，直到芝士熔化并变成金黄色。

慢炖锅制作

6.5~7 小时

1. 用海盐和黑胡椒碎给牛排调味。在一个煎锅内喷上低卡喷雾油。用高火分批将肉煎至变色，放在一边备用。
2. 在锅中加一点牛肉汤，搅拌一下，刮去粘在锅底的肉片。将牛肉、切好的蔬菜和几枝百里香一起倒入慢炖锅。
3. 倒入番茄酱和伍斯特酱，再加入剩下的高汤、速食汤底和月桂叶。
4. 慢炖锅调至高温档位，炖煮 5~6 小时。之后把盖子打开使液体蒸发掉一些。肉快炖好的时候用水调开玉米淀粉，加入锅中迅速搅拌均匀，小心不要把肉过度搅碎。将肉倒入一个大号耐热的烤盘或意式宽面盘中。
5. 另起锅将土豆煮到快要熟透，但仍然有一定硬度的状态。
6. 土豆沥水稍微冷却后，切成约 1 厘米厚的片。将土豆片在肉的顶层一层层码好，同时喷一些低卡喷雾油。
7. 放入预热至 200℃的烤箱烤 20 分钟，然后在上面撒上磨碎的芝士，再烤 10 分钟，直到芝士熔化并变成金黄色。

土豆肉馅酥皮点心

10 分钟 | 时间不固定（见下文） | 530 千卡 / 份

我们在网站上提供了一系列的酥皮食谱，它们总是很受欢迎！用低热量的玉米饼做表皮，代替油腻的酥皮，仍然可以做出金黄酥脆的外表。点心里装满了经典的肉和土豆馅，真是令人非常满意的一餐，热量高一点也值得了（图片见 191 页）。

特殊场合

使用无麸质速食汤底

制作 4 个

500 克用来炖煮的牛排（所有可见的脂肪都去掉），切成一口大小的肉块
海盐和现磨的黑胡椒碎
低卡喷雾油（如果使用电压力锅制作）
8 个红葱头，去皮
3 个中号胡萝卜，切片
100 克蘑菇，每朵分成 4 瓣
400 毫升牛肉汤（1 块牛肉速食汤底溶解于 400 毫升沸水中）
1 汤匙伍斯特酱
1 个牛肉速食汤底
1 汤匙意大利香醋
1 茶匙干百里香
2 个大号土豆，去皮切薄片
1 个中号鸡蛋
4 个低卡玉米饼
1 个洋葱，切片

烤箱制作

3 小时

1. 用海盐和黑胡椒碎给牛排调味。
2. 烤箱预热至 160℃。
3. 把除鸡蛋、玉米饼和洋葱片之外的所有配料都放入一个耐热的烤盘中，然后盖上盖子放入烤箱，烤 2~2.5 小时。
4. 最后 1 小时去掉盖子。使液体蒸发，汤汁变得浓厚。可以冷却一下。
5. 烤箱温度调至 180℃。
6. 鸡蛋打散。在一面玉米饼上加几勺肉，加满玉米饼面积的一半即可，再放些洋葱片。
7. 在玉米饼的边缘刷一些鸡蛋液，然后把饼折叠起来。用叉子在饼的边缘用力向下压，再刷上鸡蛋液。剩下的 3 张饼也重复上述步骤。
8. 把馅饼放在烤盘上烤 15~20 分钟，直到饼变得金黄。搭配你喜欢的配菜食用。

其他制作方式见下页……

土豆肉馅酥皮点心 …… 继续

电压力锅制作

1 小时 10 分钟

1. 用海盐和黑胡椒碎给牛排调味。
2. 锅中喷入一点低卡喷雾油。加入肉块，将肉的每一面都煎至棕色。
3. 加一点肉汤和伍斯特酱。加入胡萝卜、蘑菇和红葱头，炒3~4分钟，直到红葱头变色，倒入压力锅，将其余配料（除鸡蛋、玉米饼和洋葱片）也放入压力锅，炖40分钟。使压力锅的压力自然释放后打开盖子，再炖一会儿，使混合物的酱汁变得浓稠一些。
4. 烤箱预热至 200℃。
5. 鸡蛋打散，在一面玉米饼上加几勺肉，加满玉米饼面积的一半即可，再放些洋葱片。
6. 在玉米饼的边缘刷上一些鸡蛋液，然后把饼折叠起来。用叉子在饼的边缘用力向下压，再刷上鸡蛋液。剩下的三张饼也重复上述步骤。
7. 把馅饼放进烤箱烤 15~20 分钟，直到饼变得金黄。搭配你喜欢的配菜食用。

慢炖锅制作

6.5 ~ 7 小时

1. 用海盐和黑胡椒碎给牛排调味。
2. 将所有配料（除鸡蛋、玉米饼和洋葱片）放入慢炖锅。加盖之后调至高温档位，炖煮 5 小时。
3. 最后 1 小时去掉盖子。使液体蒸发，汤汁变得浓稠。烤箱预热至 200℃。
4. 鸡蛋打散。在一面玉米饼上加几勺肉，加满玉米饼面积的一半即可。再放些洋葱片。
5. 在玉米饼的边缘刷上一些鸡蛋液，然后把饼折叠起来。用叉子在饼的边缘用力向下压，再刷上鸡蛋液。剩下的三张饼也重复上述步骤。
6. 把馅饼放进烤箱烤15~20分钟，直到饼变得金黄。搭配你喜欢的配菜食用。

酱油姜末三文鱼糕

30 分钟 | 20 分钟 | 164 千卡 / 份

这些鱼糕看起来过于放纵，却使用了最健康和最新鲜的配料。三文鱼美妙、细腻的味道，配上青柠和暖暖的姜末，再配上咸味酱油。比市售鱼糕好吃太多了。

日常轻食

4 人份

低卡喷雾油
150 克中号土豆，去皮切块
4 根葱，切碎
2 茶匙姜末
4 份中等大小半成品三文鱼鱼片（约 500 克），去皮，切成小片
青柠皮屑
2 茶匙酱油

搭配食用
蔬菜沙拉
甜辣酱（可选）

1. 烤箱预热至200℃，在烤盘上铺上烘焙纸，然后喷上一些低卡喷雾油。
2. 把土豆放在一个沸腾的盐水锅里煮15～20分钟，直到其变软，然后沥干水分，捣碎成光滑的土豆泥。可以用手持搅拌器或薯泥加工器来做这一步。做好之后放在一边待用。
3. 在一个小煎锅里喷上一些低卡喷雾油，中火加热。加入葱和姜末，轻轻炒3~4分钟，直到葱炒熟变软。小心别让它过度变色。
4. 将葱姜、三文鱼片、青柠皮屑和酱油加入土豆泥中拌匀。把混合物分成12个大小相等的小球，然后用模具做成鱼糕形状。把它们放在烤盘上，在上面喷一些低卡喷雾油。
5. 放入烤箱中烤10分钟，然后轻轻翻面再烤10分钟，或者直到两面都烤成金黄色为止。
6. 从烤箱中取出，与沙拉和甜辣酱一起食用。

一锅出地中海鸡肉米状面

10 分钟 | 1 小时 10 分钟 | 437 千卡 / 份

米状面（Orzo）虽然已经出现了很长时间，但它最近才在英国流行起来。虽然它看起来像米饭，但实际上是意大利面，用它能制作一道很棒的、清淡的菜肴，并提供饱腹感。

每周放纵

4 人份

$1\frac{1}{2}$ 茶匙烟熏甜椒粉
$1\frac{1}{2}$ 茶匙甜胡椒粉
1/2 茶匙姜黄粉
1 茶匙海盐
6 只鸡大腿（鸡皮和所有可见的脂肪都去掉）
低卡喷雾油
1 个洋葱，切丁
1 个中号胡萝卜，切丁
1 根芹菜，切丁
6 个蒜瓣，去皮
4 个蘑菇，切片
1 把樱桃番茄
1 个柠檬榨成的汁
500 毫升鸡肉高汤（1 块鸡肉速食汤底溶解于 500 毫升沸水中）
250 克米状面
1 把新鲜的欧芹，大致切碎，多备一些用于装饰

1. 将烟熏甜椒粉、甜胡椒粉、姜黄粉和海盐混合均匀。在鸡大腿上涂上混合好的调味粉，放在一边静置10分钟。
2. 烤箱预热至200℃。
3. 在一个大号的耐高温煎锅或烤盘中喷一些低卡喷雾油，中火加热。加入鸡大腿煎几分钟，直到鸡腿表面开始变色，然后翻面，使另一边也煎至变色。从锅中拿出来放在一边备用。
4. 在平底锅里多喷些低卡喷雾油，然后加入洋葱、胡萝卜、芹菜、大蒜和蘑菇，炒5分钟，直到洋葱变软。
5. 加入番茄、柠檬汁和100毫升鸡汤，放入鸡腿。盖上盖子（或一片锡纸），放入烤箱烤30分钟。
6. 小心地从烤箱中取出平底锅，然后加入米状面、欧芹和剩下的汤。搅拌，然后在不盖盖子的情况下放回烤箱烤20分钟。上桌之前撒上欧芹作为装饰。

意大利芝士菠菜卷

15 分钟 | 35 分钟 | 460 千卡 / 份

意大利肉卷通常是用浓郁的全脂芝士酱做的，似乎是一种不健康的选择。然而，在番茄酱中加入一些美妙的调料，再加上熔化的帕尔玛芝士和切达芝士，吃起来和用全脂芝士酱做的味道差不多。

每周放纵

4 人份

意大利面配料

低卡喷雾油
300 克菠菜
海盐和现磨的黑胡椒碎
180 克意大利芝士
15 克帕尔玛芝士（或素食硬芝士）
8 根意大利肉卷面皮管

酱汁配料

500 克浓番茄酱
1/2 茶匙大蒜碎
1/2 茶匙干意式香草

顶部芝士配料

70 克低脂马苏里拉芝士
20 克低脂切达芝士，磨碎
用于撒在表面的烟熏甜椒粉

1. 烤箱预热至200℃。
2. 在一个大号煎锅中喷一些低卡喷雾油，中火加热。把菠菜放入锅中，加海盐和黑胡椒碎调味，盖上盖子。炒一两分钟直到菠菜变软，然后沥干水分放在一边冷却。
3. 将意大利芝士、帕尔玛芝士和煮熟的菠菜在一个碗中混合。用海盐和黑胡椒碎调味后备用。
4. 浓番茄酱倒入碗中，加入大蒜碎和香草，加海盐和黑胡椒碎调味。取一半倒入一个中号的耐高温盘子里。
5. 把芝士和菠菜的混合物装入意大利肉卷面皮管中。不需要裱花嘴，只需在裱花袋开一个大小合适的孔即可。把装满的面皮管放在装有一半调好味的浓番茄酱的耐高温盘中，然后把碗中的一半酱汁倒在上面。
6. 把马苏里拉芝士撕成小块，撒在意大利卷上，再撒上切达芝士和甜椒粉。
7. 烤30~35分钟，直到面皮变软，芝士熔化并变成金黄色。趁热食用。

第 6 章

小食和配菜

甜酸脆抱子甘蓝

30 分钟 | 20 分钟 | 193 千卡 / 份

抱子甘蓝是被低估的蔬菜之一，有些人不喜欢它的味道。我们想做一道菜来改变你的看法。通过烤箱的烘烤，给它们一个热辣的转变，希望你会喜欢上这个菜。

每周放纵

使用无麸质速食汤底

4 人份

1 千克抱子甘蓝，去梗，切四瓣
低卡喷雾油
4 茶匙杏子酱
50 毫升意大利香醋
20 毫升酱油
1 茶匙大蒜碎
1/2 块蔬菜速食汤底
1/2 茶匙中式五香粉
1/2 茶匙生姜粉
1 茶匙不太辣的辣椒粉
30 毫升柠檬汁

1. 烤箱预热至240℃。
2. 给抱子甘蓝喷一点低卡喷雾油，要确保它们完整被油包裹住，然后将它们平铺在一个大号烤盘中。放入烤箱中层烤20分钟，偶尔翻动一下。
3. 在烤抱子甘蓝的同时，把杏子酱、香醋、酱油、大蒜碎、蔬菜速食汤底、五香粉、生姜粉和辣椒粉放在炖锅里，大火加热，搅拌均匀，直到混合均匀，速食汤底完全溶解，然后煮到液体减半并变稠，形成酱汁。熄火，加入柠檬汁。
4. 抱子甘蓝烤熟之后，从烤箱里拿出来，浇上调味酱汁。搅拌均匀，然后上桌食用。

小贴士

调味酱本身味道很重，
跟抱子甘蓝拌在一起吃，
味道就刚好！

椒盐薯条

10 分钟 | 20 分钟 | 311 千卡 / 份

这是一道在英格兰北部特别流行的中式外卖菜，这些椒盐热薯条也是我们的经典菜式。这道菜有正宗的外卖风味，却没有外卖的热量。你甚至可以把熟的调好味的薯条放在冰箱里，作为深夜嘴馋时的小零食。

2 人份

3 个大号土豆，去皮，切成薯条
低卡喷雾油
1~2 根小葱，细细切碎
1~2 个辣椒，去籽切片（取决于你喜欢多辣）
1/2 个青椒，去籽切碎
1/2 个红椒，去籽切碎
薯条店咖喱酱（见 208 页）搭配食用（可选）

调味料

1 汤匙结晶海盐
1 汤匙粒状甜味剂
1/2 汤匙中式五香粉
1 大撮干辣椒碎（取决于你喜欢多辣）
1 茶匙白胡椒粉

1. 首先制作调味料。在一个热的平底锅里炒结晶海盐，直到它们开始变成棕色，这一步能提炼出真正的海盐的味道，非常重要。把炒好的海盐和其他调味料在一个碗里混合均匀，放在一边备用。
2. 烤箱预热至220℃。
3. 把一锅盐（盐另取）水烧开，加入薯条，小火煮10分钟，直到土豆开始变软，但仍然有一定硬度的状态，沥干水分（煮熟的薯条冷却后，用调味粉调味，可以冻起来，以后作为速冻食品食用）。
4. 在烤盘上喷洒低卡喷雾油。把薯条在烤盘上铺开，上面再喷些油，撒上一点调味料。入烤箱烤15~20分钟，直到它们变软并开始变色。
5. 煎锅里喷上大量低卡喷雾油。加入小葱、辣椒和青椒、红椒，炒几分钟直到它们变软为止。把薯条放进锅里，撒上2茶匙调味料（或你喜欢的量）。不停地翻动、搅拌所有配料，这样它们就不会粘在一起。可以多喷一点低卡喷雾油。继续加热，直至薯条呈金黄色，即可搭配咖喱酱食用。

洋葱巴吉

5 分钟 | 20~30 分钟 | 59 千卡 / 份

这道菜是印度的晚间外卖经典！用一些传统的调味料，再加上一个巧妙的方法，把它们烤成熟悉的形状（热量又低），这道食谱非常受欢迎。

日常轻食

制作 12 个

低卡喷雾油
3个红洋葱，切成两半，再切片（可以用多功能切菜器）
1个红薯，去皮，切大块，用多功能切菜器或芝士磨碎机磨碎
2个中号鸡蛋，打散
1茶匙孜然粉
1茶匙香菜粉
1茶匙葛拉姆马萨拉调味粉
海盐和现磨的黑胡椒碎

1. 烤箱预热至220℃。
2. 在12孔的麦芬盘上喷上适量低卡喷雾油（如果你的巴吉不局限形状，可以在烤盘上铺上烘焙纸，直接在烘焙纸上喷上低卡喷雾油）。
3. 把洋葱和红薯放在一个大碗里，然后加入打散的鸡蛋、孜然粉、葛拉姆马萨拉调味粉、海盐和黑胡椒碎。搅拌均匀，直到完全混合。
4. 把混合物平均放入12个抹了油的模具中。把混合物用力压下去，再往上面喷些低卡喷雾油。
5. 如果没有麦芬盘，就用手把混合物大致揉成12个球。把它们放在铺有烘焙纸的烤盘上，避免互相接触，然后再喷上低卡喷雾油。
6. 根据巴吉的大小，在烤箱中烤20~30分钟。
7. 烤到一半的时候，用抹刀把它们翻过来，再次喷洒低卡喷雾油。如果你喜欢脆的口感，可以在它们烤熟后再烤几分钟。享受这顿美餐吧。

小贴士

如果使用多功能切菜器，
务必小心使用，
避免受伤。

香醋红洋葱肉卤

5 分钟 | 25 分钟 | 88 千卡 / 份

这道肉卤非常百搭。可以搭配经典烤肉或家常菜如香肠和土豆泥一起食用。加入香醋会让肉卤的味道更加丰富，迅速击中你的味蕾。

日常轻食

使用无麸质速食汤底

4 人份

1 个中号胡萝卜，大致切碎
1/2 个洋葱，切丁
1 个中号土豆，去皮，大致切碎
600 毫升水
低卡喷雾油
$2^1/_2$ 个红洋葱，切片
3 汤匙意大利香醋
2 块牛肉速食汤底
4 滴肉卤调色汁

1. 把胡萝卜、洋葱丁和土豆放入炖锅，加水煮沸，不盖盖子，大约炖煮 25 分钟或直到蔬菜煮熟为止。此时水应该减少了一些。
2. 同时，在一个煎锅里喷一点低卡喷雾油，中火加热。加入红洋葱片，炒 4~5 分钟，直到其变软。再倒入一半的意大利香醋，再煮几分钟，然后熄火备用。
3. 把速食汤底、肉卤调色汁和步骤 2 放进步骤 1 锅里，使汤底料完全溶解，然后用棒状搅拌器搅拌至光滑。加入剩余的香醋即可食用。

小贴士

如果在搅打之后肉卤看起来有点浓，就再加一些开水，直到达到你希望的浓稠度。

薯条店咖喱酱

10 分钟 | 25 分钟 | 96 千卡 / 份

有时会感觉没有什么比一份好咖喱酱更棒了，这些与薯条是绝配，薯条的做法见本书 202 页。这道菜使用了胡芦巴，虽然这不是必需的，但它有助于重现正宗、经典的薯条店咖喱风味（照片在 207 页与肉卤一起）。

日常轻食

使用无麸质速食汤底

4 人份

1 根胡萝卜，切碎
1/2 个洋葱，切丁
2 个中号土豆，去皮切丁
2 块鸡肉速食汤底
600 毫升水
1 块牛肉速食汤底
$1\frac{1}{2}$ 汤匙咖喱粉（温和、中辣或辛辣）
1 撮胡芦巴（又叫苦豆，可选）

1. 把胡萝卜、洋葱、土豆和鸡肉速食汤底放入炖锅，加水。煮沸后转小火炖约 25 分钟或直到蔬菜煮熟为止。
2. 加入牛肉速食汤底、咖喱粉和胡芦巴到锅中。让汤底料完全溶解，然后用棒状搅拌器或食物料理机搅拌至光滑。

鹰嘴豆肉饭

15 分钟 | 30 分钟 | 275 千卡 / 份

这道快速简单的美食是增加饱腹感的一个很好的方式。鹰嘴豆是蛋白质和纤维很棒的来源，能够给身体带来支持。洋葱、汤汁和欧芹的简单味道成就这道美味的配菜，你也可以放凉之后第二天食用（照片在155页与羊肉古拉奇一起）。

日常轻食

使用无麸质速食汤底

4 人份

低卡喷雾油

1/2 个洋葱，切碎

200 克印度香米，冲洗干净，沥干水分

500 毫升鸡汤（1 块蔬菜速食汤底或鸡肉速食汤底溶解于 400 毫升沸水中）

1 罐 400 克罐装鹰嘴豆，冲洗干净，沥干水分

1 把新鲜欧芹，切碎

1. 在炖锅里喷上一些低卡喷雾油，中火加热。锅中加入洋葱，炒4~5分钟，直到它们开始变软，然后加入香米并充分搅拌，直至所有的香米都被油包裹，并与洋葱混合。倒入鸡汤，再加入鹰嘴豆。煮沸之后把火调小，盖上盖子，炖煮15~20分钟，或者直到所有的液体都被吸收掉，米饭变软为止。
2. 关火，拌入切碎的欧芹，盖上盖子静置 5 分钟即可食用。

芝士西蓝花

5 分钟 | 10 分钟 | 110 千卡 / 份

这是将味道注入小食或配菜中的一种简单而快速的方法。用一点帕尔玛芝士炒一下，形成的脆脆的口感是一种不错的享受。我们惊讶地发现，西蓝花竟然可以变成一种真正美味的零食。

每周放纵

2 人份

低卡喷雾油
1 个大号西蓝花，切成一口大小
1 茶匙大蒜碎
1/2 茶匙干辣椒碎
海盐和现磨的黑胡椒碎
1/2 个柠檬挤出的汁
30 克帕尔玛芝士（或素食硬芝士），磨碎

1. 在一个大煎锅或炒锅（带盖）中喷一些低卡喷雾油，中火加热。加入西蓝花，撒上大蒜碎和辣椒碎，然后用海盐和黑胡椒碎调味。加入柠檬汁搅拌均匀。
2. 调至中火，盖上盖子继续煮10分钟左右。检查一下西蓝花的状态，将锅晃动一下，这样西蓝花就不会粘在一起。加入3/4磨碎的帕尔玛芝士，搅拌均匀。把西蓝花盛出，放在盘子里，把剩下的帕尔玛芝士撒在上面即可食用。

懒人土豆泥

5 分钟 | 25 分钟 | 130 千卡 / 份

制作一道美味的土豆泥却不使用大量黄油的方法是加入蛋黄来代替黄油。蛋黄通过土豆的热量烫熟，创造出一种我们都喜欢的浓郁奶油味。在这道“懒人”土豆泥里，土豆皮被保留下来，它们被粗糙地捣碎，随意搅拌在一起，这样就做出了一道好吃的土豆泥。

每周放纵

4 人份

500 克中号面土豆，带皮切大块
1 汤匙低脂植物黄油
1 个中号蛋黄
海盐和现磨的黑胡椒碎

1. 把土豆块放在一个平底锅里，加入足够的水，高过土豆几厘米。将水煮沸后加入 1 小撮海盐，继续煮 20~25 分钟，直到土豆块变软（餐刀可以轻松地切开）。
2. 用漏勺把土豆沥干，然后倒回到温热的平底锅里，加入低脂植物黄油和蛋黄。
3. 用餐刀将土豆反复切碎，拌入蛋黄和低脂植物黄油，用餐刀抹开。如果想让土豆泥吃起来有颗粒感——就不要像吃标准土豆泥那样压得太碎。
4. 用海盐和黑胡椒碎调味。

“砰砰”花椰菜

10 分钟 | 20 分钟 | 70 千卡 / 份

粉丝对我们说：“真希望蔬菜能够好吃到当零食吃，这样我就不会伸手去拿薯片了！”因此，我们把创造美味的蔬菜零食作为自己的使命。于是“砰砰”花椰菜诞生了。烟熏香料与花椰菜的美妙味道非常搭。加上火辣的蘸酱，我们真的完成了美味蔬菜的挑战！

日常轻食

4 人份

1 棵花椰菜，切成一口大小
低卡喷雾油
1 茶匙烟熏甜椒粉
1 茶匙大蒜碎
1 茶匙洋葱碎
海盐和现磨的黑胡椒碎
2 根小葱，细细切碎
1 小撮切碎的新鲜香菜

“砰砰”蘸酱

1 个红辣椒，去籽切碎
2 个蒜瓣，细细切碎
1 茶匙番茄酱
3 汤匙白醋
1/2 个青柠榨出的汁
1 茶匙粒状甜味剂
4 汤匙脱脂希腊酸奶
几滴拉差辣椒酱

1. 烤箱预热至200℃。在烤盘上放一张烘焙纸。
2. 把小朵的花椰菜放在一个大碗里，喷上适量低卡喷雾油。
3. 把甜椒粉、大蒜碎和洋葱碎混合在一起，撒在花椰菜上，搅拌均匀，使花椰菜表面都沾满配料，然后在烘焙纸上摊开。用海盐和黑胡椒碎调味，在烤箱里烤15~20分钟（烤好之后花椰菜应该还有一点嚼劲）。
4. 烤花椰菜的时候，着手做蘸酱。
5. 在一个小煎锅里喷上一些低卡喷雾油，中火加热。
6. 加入辣椒和大蒜炒2~3分钟直到变软，然后加入番茄酱炒1分钟。把火调小，加入醋、青柠汁和甜味剂，煮2分钟后熄火，待其冷却，放入搅拌器同酸奶一起搅拌，最后加入拉差辣椒酱调味。
7. 在烤好的花椰菜上撒上切好的葱和香菜，搭配蘸酱一起食用。

古斯米和甜玉米蘸酱小零食

10 分钟 | 20 分钟 | 158 千卡 / 份

为什么不利用有益健康的食物带来饱腹感呢？吃点对的东西是抑制欲望的简单方法。这些古斯米和甜玉米制成的小饼很完美，是能让你饱腹的低热量零食，能让你在更长的时间里感到满足。

日常轻食

制作 20 个

75 毫升水
50 克古斯米，冲洗干净
低卡喷雾油
4 根小葱，细细切碎
200 克甜玉米粒（罐装也可）
2 个大号鸡蛋
海盐和现磨的黑胡椒碎

蘸酱原料

低卡喷雾油
1/2 个洋葱，切丁
1/2 茶匙干辣椒碎
1/4 茶匙大蒜碎
1 罐 400 克番茄块罐头
2 汤匙意大利香醋
1/2 茶匙粒状甜味剂

1. 先制作蘸酱。在一个小号平底锅里喷上一些低卡喷雾油，中火加热。锅中加入洋葱和辣椒，炒至洋葱变软，然后加入大蒜碎、番茄块和意大利香醋。煮沸后转小火继续煮20分钟。尝一尝蘸酱的味道，根据个人口味添加甜味剂，然后用手持搅拌器或食物料理机搅拌至光滑。
2. 煮酱汁的时候，另取一个锅加水煮沸，制作小零食。加入古斯米，搅拌之后盖上盖子，关火静置10分钟，直到所有的水都被吸收。
3. 同时，另取平底锅，喷些低卡喷油雾，小火加热。加入葱炒2~3分钟，直到葱变软但未变成棕色，然后关火放在一边冷却。
4. 把甜玉米粒放进碗里。把葱、古斯米和鸡蛋一起加入甜玉米中。用海盐和黑胡椒碎调味，搅拌均匀。这种混合物的质地应该是糊状的。
5. 在一个干净的不粘锅中喷一些低卡喷雾油，中火加热。当锅变热的时候，把甜玉米糊一次一勺地放在热锅里，彼此分开（需要分批制作）。煎4~5分钟，然后翻过来再煎3~4分钟，直到小饼变得金黄。蘸取温热的蘸料食用。

哈罗米芝士条

5 分钟 | 15 分钟 | 132 千卡 / 份

有时候，对于一个电影之夜或深夜被饥饿感冲击时，你只需要一些快速简单的食物，在几分钟内就能准备好。这道菜就是这种伟大的食材，能让人饱餐一顿，也很适合烘烤，不会造成熔化的芝士流得哪里都是！适量地吃一些，搭配蔬菜，以保持健康和清淡。

每周放纵

使用无麸质 Peri-peri 烤肉酱

4 人份

180 克低脂哈罗米芝士
2 汤匙玉米淀粉
1 茶匙 Peri-peri 烤肉酱
低卡喷雾油
1 根小葱，切丝，用于配菜

1. 将哈罗米芝士切成四片 1 厘米厚的薄片，然后每片切成 1 厘米宽的长条，总共应该有 12 条。
2. 在一个小盘子里混合玉米淀粉和 Peri-peri 烤肉酱。
3. 用厨房纸巾拍干哈罗米芝士，然后把每一条都放进调过味的玉米淀粉里，确保所有面都被裹上淀粉。
4. 煎锅中喷入低卡喷雾油，小火加热。加入哈罗米芝士，微微煎 15 分钟左右，然后翻面，要使每个面都煎到金黄——不要用高火，因为温度太高的话淀粉会烧焦。
5. 用葱丝装饰，搭配你喜欢的配菜。

小贴士

如果用脱脂酸奶和葱花做成蘸酱，效果会很好！

烧烤洋葱蒜味蘸酱
真是太不可思议了！

凯西

“

喜欢薯条店咖喱酱！非常简单，味道又好。
比真的薯条店里的酱汁还棒。

凯西

薯片和蘸料吃起来太美妙了，
能给周六的夜晚提供一顿美餐。

琳达

薯片和蘸料

20 分钟 | 时间不固定（见下文） | 150 千卡 / 份

这是一道快速健康零食。你可以提前把调料放在冰箱里，与调好味的美味烧烤玉米饼“薯片”一起食用。它是餐前或聚会的完美轻食小吃。

每周放纵

使用无麸质玉米饼

4 人份

蘸酱制作

1 个洋葱，切成 8 块
3 个蒜瓣，去皮
低卡喷雾油
4 汤匙脱脂天然酸奶
海盐和现磨的黑胡椒碎

莎莎酱制作

1/4 个红洋葱，细细切碎
2 个番茄，去籽并切碎
5 片腌渍的墨西哥辣椒，细细切碎
1/4 个青柠挤出的汁
1 大撮切碎的新鲜欧芹
海盐和现磨的黑胡椒碎

薯片制作

4 个低卡玉米饼
低卡喷雾油
烟熏甜椒粉，用于调味
海盐，用于调味

蘸酱

15 分钟

1. 烤箱预热至 220℃ 。
2. 把洋葱和蒜放在烤盘上，喷上适量低卡喷雾油。入烤箱烤 15 分钟，或使其刚刚变色为止。
3. 将烤盘从烤箱中拿出，放置一旁冷却，然后将洋葱和蒜放入搅拌器或食物料理机快速搅碎，但不要搅得过细，留一些颗粒。
4. 将搅碎的混合物倒入一个碗中，加入酸奶，用海盐和黑胡椒碎调味。

莎莎酱

10 分钟

把所有原料放入碗中混合，用海盐和黑胡椒碎调味。享受美味吧！

薯片

7 分钟

1. 烤箱预热至 180℃。
2. 给玉米饼上喷上低卡喷雾油。撒上甜椒粉和一些海盐。把玉米饼翻过来，继续撒甜椒粉。把玉米饼切成宽条，然后把每条切成薯片的形状。
3. 在烤盘上喷一些低卡喷雾油，然后把玉米饼在烤盘上铺开。入烤箱烤 5 分钟，然后翻面再烤 2 分钟。
4. 把烤玉米饼“薯片”从烤箱里拿出来，和蘸酱、莎莎酱一起上桌。

咖喱角

10 分钟 | 15 分钟 | 151 千卡 / 份

是的，你没看错，就是咖喱角！将酥皮换成玉米饼外皮，一个简单的替换可以立即降低热量，再加上被包裹住的新鲜食材，你会一次又一次地去享受这些美味，或者也可以作为一道零食单独吃。

每周放纵

使用无麸质卷饼

制作 6 个

2 个中号土豆，去皮切成 1 厘米见方的小块
75 克冻豌豆
低卡喷雾油
1/2 个洋葱，切丁
1 个蒜瓣，压碎
1 茶匙姜末
1 大撮辣椒粉
1/2 茶匙香菜粉
1/4 茶匙孜然粉
1/4 茶匙姜黄粉
1/2 茶匙葛拉姆马萨拉调味粉
30 克菠菜
1/2 个柠檬榨出的汁
海盐
3 个低卡玉米饼，对半切开
1 个鸡蛋，打散

1. 锅中放盐水煮沸，把土豆放入煮5分钟，然后沥干水分。冻豌豆放入沸盐水里煮熟，沥干水分。
2. 烤箱预热至200℃，在烤盘上放一张烘焙纸。
3. 平底锅里喷入一些低卡喷雾油，中火加热。加入洋葱、大蒜和姜，炒3~4分钟，直到它们变软但没有变棕色为止，然后加入调味粉再炒1分钟。加入煮熟的土豆，用叉子或勺背轻轻捣碎，然后加入菠菜、柠檬汁和豌豆。拌入1撮海盐调味成馅料。
4. 鸡蛋打散，将蛋液刷在半张饼的边缘。将每一半饼折叠成圆锥形，封住边缘，但是留着顶部不要封口，以添加馅料。
5. 将馅料平均分到每张饼里，注意不要填充过多。如果装得太满会无法顺利封口。
6. 在每张饼的开口处刷上一些鸡蛋液，静置30~40秒，直到它变黏，然后把边缘紧紧地压在一起。你可以用叉子来做这一步，但是要小心不要把饼皮弄破。将做好的咖喱角放到烤盘里。
7. 在每个咖喱角的表面多刷一些蛋液，确保边缘都密封好了，然后放入烤箱烤10分钟，或者直到它们变成金黄色为止。
8. 从烤箱中取出，趁热食用。也可以冷却后包上烘焙纸冷冻起来，改日食用。

芝士扭扭酥

10 分钟 | 20 分钟 | 32 千卡 / 份

这是一道经典的晚宴小吃，但热量较低！使用清淡一些的酥皮，在帕尔玛芝士中加入少许芥末粉，最大限度地增加风味，是减少热量又不影响口感的理想方法。

特殊场合

制作 36 个

320 克即食酥皮
1 茶匙英式芥末粉
20 克帕尔玛芝士（或素食硬芝士）
海盐和现磨的黑胡椒碎
1 个鸡蛋，打散

1. 烤箱预热至190℃，取两个烤盘，烤盘内放一张烘焙纸。
2. 把酥皮平放在干净的菜板上。
3. 将芥末粉与半茶匙水混合，制成可涂刷的糊状物。用刷子把糊状物涂在酥皮的表面。
4. 用研磨器把帕尔玛芝士擦碎，均匀地撒在酥皮上。下一个阶段有点棘手，所以后面有一些图示。
5. 用海盐和黑胡椒碎调味，之后纵向对折，然后切成36条窄条（见228~229页）。
6. 小心地取下每个酥皮条，在放入烤盘之前，先拧几下。重要的是不要把它们摆放得过度拥挤，因为它们加热后会膨胀（也可不烤直接冷冻到下次再吃）。
7. 把打散的鸡蛋液刷在每一个扭扭酥上，入烤箱烤20分钟直到它们变成金黄色。

小贴士

为什么不在上面撒上一些辣椒粉来增加风味呢？

如何制作
步骤一

如何制作
步骤二

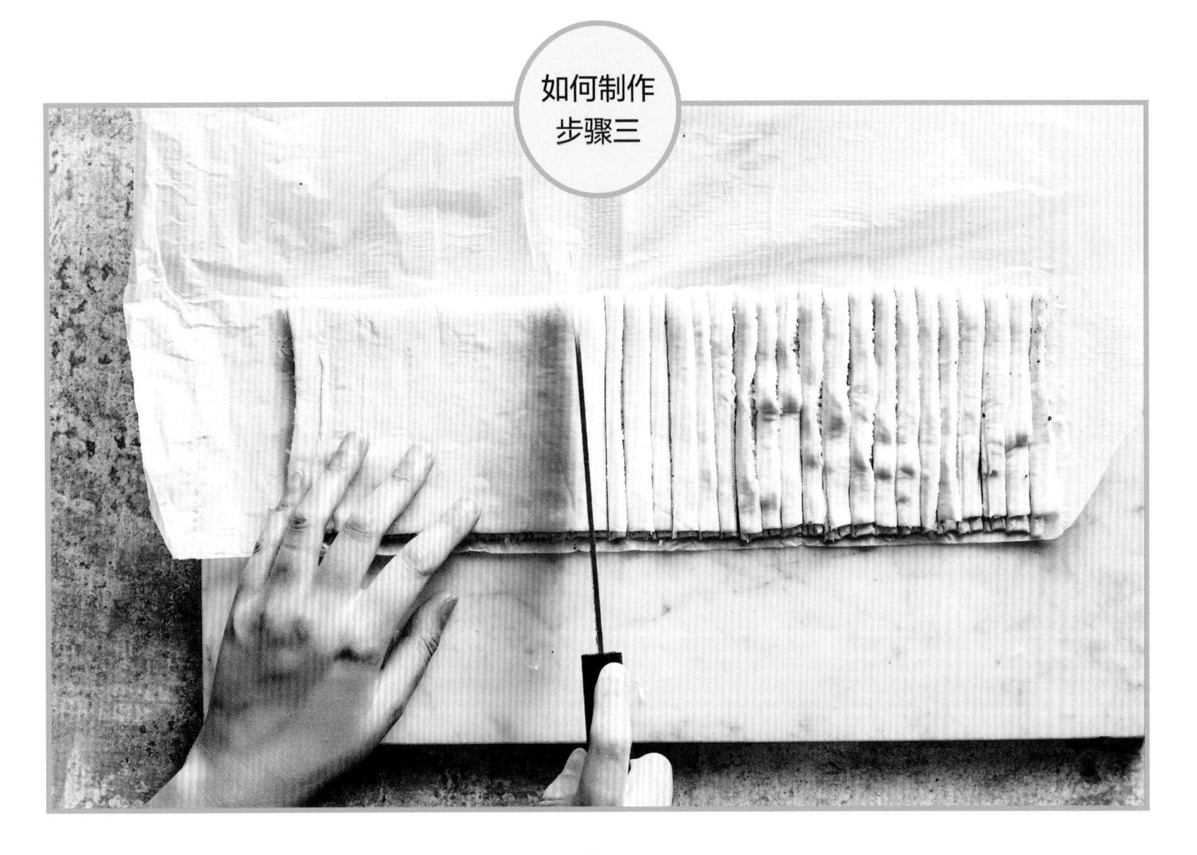
如何制作
步骤三

如何制作
步骤四

金枪鱼苏格兰蛋

5 分钟 | 40 分钟 | 208 千卡 / 份

这款苏格兰蛋是一个很好的例子，展示了鱼作为一种原料是多么百搭。用金枪鱼代替传统苏格兰鸡蛋食谱中的猪肥肉，可以立即减少热量，而不会失去经典苏格兰鸡蛋的风味。肉质鲜美的鱼和煮鸡蛋的结合真的很棒。

每周放纵

2 人份

2 个中号鸡蛋
100 克土豆，去皮，大致切碎
30 克全麦面包，最好是时间久一点的面包
1 罐 110 克金枪鱼罐头，沥干水分
1 茶匙切碎的新鲜香葱
1 茶匙柠檬汁
海盐和现磨的黑胡椒碎
低卡喷雾油

1. 鸡蛋放入一锅开水中，小火煮6分钟。煮熟后捞出沥干水，放入一碗冰水中置于一旁冷却。
2. 把土豆放在沸腾的盐水锅里煮 15~20 分钟，直到其变软。
3. 煮土豆的时候，把全麦面包放进料理机里，打碎成面包屑。把它们倒出来放在一边备用。烤箱预热至 200℃。
4. 土豆沥干水分，然后捣碎成光滑的土豆泥，可以用手持搅拌机或薯泥料理器来制作。做好之后稍微冷却。
5. 把金枪鱼、香葱和柠檬汁加到土豆泥里，然后用海盐和黑胡椒碎调味。把混合物搅拌均匀，然后平分成两份。
6. 鸡蛋仔细剥掉壳，然后把每个鸡蛋包在一半金枪鱼和土豆泥的混合物中，做成一个光滑的球。把每个裹好的鸡蛋在面包屑里滚一圈，然后把面包屑压实，这样它们就不会在制作过程中脱落。
7. 把鸡蛋放在烤盘上，喷上低卡喷雾油，放入烤箱里烤 20 分钟，或者直到它们变成金黄色。
8. 从烤箱里取出即可食用。

小贴士

如果你不喜欢金枪鱼，
也可以用三文鱼来代替。

芝士蒜蓉面包

10 分钟 | 10 分钟 | 85 千卡 / 份

蒜蓉面包散发着烤蒜特有的香味，十分诱人。再加一点芝士，就可以开派对了！用一些新鲜的大蒜，喷一点低卡喷雾油，换成无麸质的面包，可以降低热量，但同样美味可口。

每周放纵

2 人份

2 个无麸质白夏巴塔，纵向切成两半
1 个蒜瓣，去皮，但保持完整
低卡喷雾油
4 汤匙罐头番茄块
40 克低脂切达芝士，磨碎
海盐和现磨的黑胡椒碎
1 茶匙切碎的新鲜欧芹

1. 烤箱预热至 200℃。
2. 把夏巴塔切成两半，放在烤盘上。用刀背把蒜瓣拍碎，然后仔细地抹在夏巴塔的切面上。如果你非常喜欢蒜香味，那就把它剁得很细，撒在夏巴塔上。
3. 在夏巴塔上喷上低卡喷雾油，放入烤箱烤 5 分钟。
4. 把夏巴塔从烤箱里取出，上面放上番茄块和芝士。放回烤箱烤至芝士熔化，然后用海盐和黑胡椒碎调味，最后撒上欧芹。

红薯饼配小葱酸奶油蘸酱

10 分钟 | 35 分钟 | 33 千卡 / 份

红薯是一种很好的原料，香香甜甜。可以再简单地调一下味，这些薯饼最好搭配低热量的小葱酸奶油蘸酱，用脱脂的希腊酸奶代替热量更高的奶油酱。

日常轻食

制作 12 个

薯饼

1 个大号红薯，去皮

1/2 茶匙干辣椒碎（墨西哥辣椒碎）

1/2 茶匙孜然粉

1/2 茶匙洋葱碎

1 茶匙大蒜碎

1/2 茶匙海盐

1/2 茶匙现磨的黑胡椒碎

1 个大号鸡蛋

低卡喷雾油

蘸酱

250 克脱脂希腊酸奶

3 汤匙小葱末

1. 烤箱预热至190℃。
2. 将红薯放入一个可用于微波炉的大碗中磨碎，盖上保鲜膜，用微波炉加热2分钟。用干净的茶巾盖住，挤出多余的水分。
3. 将辣椒碎和孜然粉、洋葱碎、大蒜碎、海盐和黑胡椒碎与鸡蛋一起加入红薯中拌匀。如果你喜欢辣的薯饼，可以再加些辣椒碎！
4. 在烤盘上喷低卡喷雾油。取一小团红薯混合物，继续挤出多余的水分，同时把它们做成球形——你应该有足够的红薯做成12个薯饼。把它们放在烤盘上，压平，再喷一些低卡喷雾油，然后放进烤箱烤20分钟。
5. 20分钟后小心地将薯饼翻面，再次喷上低卡喷雾油，继续烤15分钟，直到烤至金黄。
6. 同时，把酸奶和小葱放在一个小碗里混合均匀，制成蘸酱。趁薯饼热的时候搭配食用。

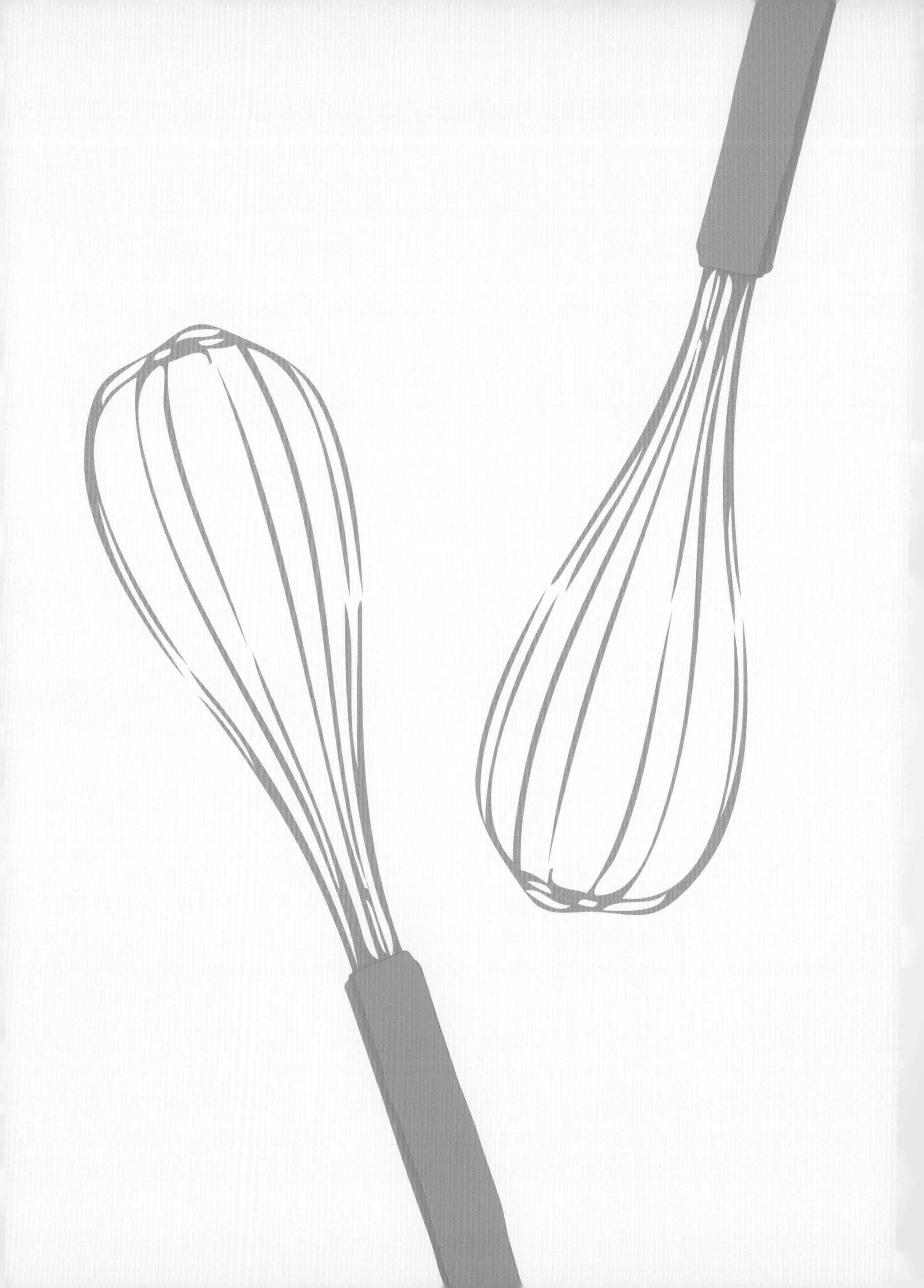

甜品

塞满芝士蛋糕的草莓

10 分钟 | 不需要加热 | 107 千卡 / 份

这道食谱是在尝试组合一些成分来制作一种更健康的甜食来抑制食欲时产生的。我们博客的建立是为了和那些可能感兴趣的人分享食谱。这个食谱是网站上最受欢迎的食谱之一，虽然它很简单，却是我们引以为豪的一道菜，也绝对美味。

每周放纵

4 人份

24 个中大号草莓
120 克夸克芝士
25 克低脂芝士
50 克粒状甜味剂
1/2 茶匙香草精
1 片低卡消化饼，压碎

1. 用一把锋利的小刀，将草莓的中间切出一个锥形——中间留一个小孔。
2. 把夸克芝士、低脂芝士、甜味剂和香草精放在一个碗中，搅拌至光滑。
3. 装入裱花嘴细小的裱花袋中。
4. 把馅料挤到每个草莓里，再撒上消化饼碎屑。把草莓放入冰箱里直到馅料凝固即可食用（但不要超过1小时，因为那样它们会开始出水）。

提拉米苏

10 分钟（加上冷却时间） | 不需要加热 | 108 千卡 / 份

这道提拉米苏制作起来非常快捷，可以为任何晚宴或晚餐带来一个丰盛的收尾。替换一些简单的原料可以保持口感清淡，但它仍然充满了咖啡的味道。意大利芝士增加了奶油的味道，最后再撒上一层巧克力粉。

特殊场合

4 人份

150 克意大利芝士
2 茶匙香草豆酱或香草精
2 茶匙粒状甜味剂
8 根手指饼干，每根饼干分成 3 段
100 毫升浓缩咖啡，冷却
1 汤匙可可粉

1. 把意大利芝士、香草豆酱和粒状甜味剂放在一个碗里，搅拌均匀。
2. 取 4 个 125 毫升的提拉米苏模具，每个底部放 3 段手指饼干，再加入几茶匙浓缩咖啡，然后把手指饼干压碎，盖满模子的底部。在这一层上面放一层意大利芝士混合物，再加 3 段手指饼干，使它们与模具上边缘齐平，不需要压碎。
3. 再加入一点浓缩咖啡，最上端放上剩下的意大利芝士混合物。
4. 把可可粉放在筛子里，在每个提拉米苏上撒上大量的可可粉。冷藏约 10 分钟即可食用。

小贴士

这将是一道很棒的晚宴甜点！为什么不加一点咖啡利口酒呢？

巧克力闪电泡芙

10 分钟 | 1 小时 | 109 千卡 / 份

很多人会坚定地拒绝吃泡芙类的甜点，认为这是一种过度的放纵。然而，使用低脂植物黄油和甜味剂可以大大减少热量。再加上一点巧克力和喷射奶油，这就是最棒的甜食。

特殊场合

制作 10 个

2 汤匙粒状甜味剂
1/4 茶匙盐
100 克低脂植物黄油
150 毫升凉开水
100 克自发粉
2 个大号鸡蛋
25 克黑巧克力片
10 汤匙低脂喷射奶油

1. 烤箱预热至 190℃。烤盘中铺一张烘焙纸。
2. 把甜味剂、盐、低脂植物黄油和水放入锅内煮开后熄火，慢慢地将其倒入自发粉中。面粉混合物一开始可能会结块，继续搅拌，直到混合物形成团，并不再粘在锅的侧边。
3. 把鸡蛋加入混合物中，充分搅拌使之混合。一开始混合物看起来像是裂开了，但是继续搅拌直到它变得光滑为止。
4. 用勺子将混合物倒入装有大号裱花嘴的裱花袋中。用裱花袋在铺有烘焙纸的烤盘上做出 10 个泡芙（每个大约 12 厘米 /5 英寸长）。用湿润的手指轻拍每个泡芙的“尾部”，调整一下形状，然后放入烤箱烤 1 个小时。注意，中途不要打开烤箱！即使是偷看一眼也不行——它们很可能会因为温度下降而收缩，最后你只能吃到一个煎饼！
5. 时间一到，就把烤箱里的泡芙拿出来，放在金属架上冷却。只有当你准备好食用的时候才能给它们填馅——喷射奶油一旦挤出来就不会长时间保持形状（你也可以在填馅之前冷冻保存泡芙）。
6. 完全冷却后，将每个泡芙纵向切割至 3/4 处。把巧克力片放在碗中用微波炉熔化。将约 1 大汤匙量的低脂喷射奶油放入每个切割开的泡芙中，并在顶部淋上熔化的巧克力。立即上桌食用。

小贴士

可以提前准备好泡芙并冷冻起来。只需要在食用前解冻并填充奶油即可。

贝克威尔挞

10 分钟 | 35 分钟 | 70 千卡 / 份

人人都喜欢贝克威尔挞。甜杏仁配上果酱，平衡了味道，制造出一种美味的享受，这当然不利于减肥。不过，换上一些巧妙的配料，这个食谱会让你大吃一惊。原汁原味，还没有负罪感，完美！

特殊场合

制作 10 个

低卡喷雾油
2 个低热量玉米饼
25 克自发粉
25 克低脂植物黄油
1 个大号鸡蛋
2 汤匙粒状甜味剂
1 茶匙杏仁香精
2 汤匙低糖覆盆子酱
5 克杏仁片

1. 烤箱预热至190℃。在10孔或12孔的麦芬盘上喷上适量低卡喷雾油。
2. 用直径7厘米的饼干模在每个玉米饼上切出5片圆形饼。将每个圆形饼放入抹过油的麦芬孔里，按压一下使其与麦芬孔的形状相吻合。放入烤箱烤8分钟。
3. 同时，将自发粉、低脂植物黄油、鸡蛋、甜味剂和杏仁香精在一个碗里搅拌均匀。
4. 从烤箱中取出麦芬盘，在每个玉米饼中加入适量果酱，让果酱在玉米饼上稍微铺开一点。
5. 用勺子向每个玉米饼中舀一点面糊，确保果酱被面糊盖住（但要避免过满）。把杏仁片撒在上面，放入烤箱烤25分钟直到变成金黄色。
6. 将麦芬盘从烤箱中取出，冷却几分钟，然后从麦芬孔中取出做好的挞并转移到金属架上。

迷你咖啡山核桃蛋糕

10 分钟 | 16 分钟 | 每个蛋糕 50 千卡

这是缩小版蛋糕，这些可爱的迷你咖啡山核桃蛋糕将真正满足任何甜食爱好者。一些替代成分使这些蛋糕的热量比大多数蛋糕都低。柔软的海绵蛋糕搭配丰富的奶油，是派对和特殊场合的完美选择。

特殊场合

制作 24 个

蛋糕原料

50 克自发粉
50 克低脂植物黄油
1 汤匙可可粉
$2\frac{1}{2}$ 汤匙颗粒状甜味剂
1 撮盐
2 个大号鸡蛋
1 茶匙发酵粉
1 汤匙速溶咖啡粉
24 个山核桃，用于装饰

奶油霜原料

1 茶匙可可粉
25 克低脂植物黄油
50 克糖粉
1 茶匙速溶咖啡粉

1. 烤箱预热至190℃。
2. 把所有的蛋糕原料（留出12个山核桃）放在一个碗里，用手持搅拌器搅拌，直到混合物变得顺滑为止。
3. 把一满茶匙蛋糕面糊放进一个24孔微型硅胶麦芬盘中，这些混合物被均匀地分到24个孔内。入烤箱烤16分钟，直到蛋糕膨胀并烤透。
4. 把蛋糕从烤箱里拿出来，然后从麦芬盘里取出，放在金属架上冷却（可以把烤好的蛋糕冷冻起来，以便在需要食用的时候制作）。
5. 把奶油霜的原料放入一个碗里混合均匀。蛋糕冷却后，从中间横向切成两半。
6. 在底部的半块蛋糕上抹上或用裱花袋挤上一些奶油霜，然后再把顶部半块蛋糕盖在奶油霜上。在每个蛋糕的顶部挤一点奶油霜，再加上半个山核桃。可以储存在密封容器中，最多可保存3天。

李子杏仁奶面包布丁

5 分钟 | 10 分钟 | 250 千卡 / 份

这道菜非常简单，却充满了真正的风味。使用一滴杏仁香精和无糖的杏仁奶，使它充满天然的甜味。如此好吃的一道布丁轻食——你还想要什么？

特殊场合

4 人份

200 毫升无糖杏仁奶
1/2 茶匙杏仁香精
2 汤匙粒状甜味剂
2 个大号鸡蛋
2 片白面包，每片切成 24 小块
2 个中号李子，对半切开，每一半切成 8 片

1. 烤箱预热至190℃。
2. 在平底锅里用小火加热杏仁奶，但不要煮沸。加入杏仁香精和3茶匙甜味剂。
3. 在一个中等大小的碗里将鸡蛋打散，然后加入热的杏仁奶。取4个直径10厘米（4英寸）的烤碗，在每个烤碗的底部放上6块面包，上面放上6片李子，每片撒上半茶匙甜味剂，然后再放上6块面包。
4. 把鸡蛋液平均倒入4个烤碗中，每个烤碗的最上层再放两片李子，撒上剩下的甜味剂。静置5分钟，这样面包就可以将蛋液充分吸收。
5. 把烤碗放在烤盘上（你也可以在这一步将布丁冷冻，以便改天想吃的时候再拿出来继续烹饪）。
6. 烤10分钟或直到鸡蛋凝固，布丁表面变成金黄色，即可上桌。

咸焦糖香蕉太妃派

20 分钟 | 不需要加热 | 234 千卡 / 份

使香蕉太妃派有利于减肥是我们非常认真对待的任务！这个版本使用了一些简单的配料来减少热量，但是味道呢？太棒了！我们喜欢在晚宴上提供这道甜点，事实上，我们也把它作为周末的惊喜来招待大家。

特殊场合

4 人份

10 克低脂植物黄油
8 块 Lotus 焦糖饼干（或其他焦糖饼干）
110 克淡奶油奶酪
175 克脱脂希腊酸奶
3 汤匙粒状甜味剂
2 茶匙咸焦糖调味料
2 个香蕉
1 茶匙柠檬汁
1 汤匙咸焦糖酱

1. 将低脂植物黄油放入微波炉中加热10秒左右，使其熔化。
2. 将Lotus焦糖饼干放入碗中碾碎。倒入熔化的植物黄油，充分混合。把饼干混合物分在4个模子里，然后用力压入底部。把模具放入冰箱冷冻10分钟，让饼干底变硬。
3. 同时，将淡奶油奶酪、希腊酸奶、甜味剂和咸焦糖调味料放入一个碗里混合，搅拌至光滑。放在冰箱里直到准备好分装到各个派时取出。
4. 香蕉去皮切成薄片，放在碗中，涂上柠檬汁，这样可以防止香蕉变色。
5. 从冰箱中取出模具，在饼干底座上加一层香蕉片。用勺子把冷藏过的奶酪混合物放在香蕉层上，然后再放一层香蕉片。
6. 淋上咸焦糖酱即可食用。

黏黏的太妃糖布丁

5 分钟 | 20 分钟 | 233 千卡 / 份

我们知道你在想什么：减肥食谱书中竟然出现一款黏黏的太妃糖布丁？在 Pinch of Nom ，我们想做出有利于减肥甜点的决心是真实的。这款黏黏的太妃糖布丁是绝对的赢家。甜蜜奢华的放纵，你不会相信它的热量有多低！

特殊场合

4 人份

低卡喷雾油
75 克自发粉
1 茶匙发酵粉
1 汤匙黑糖浆
3 汤匙粒状甜味剂
50 克低脂植物黄油
3 个中号鸡蛋
1 汤匙金色糖浆

1. 烤箱预热至190℃。在4个耐高温模具中喷入低卡喷雾油。
2. 把金色糖浆之外的原料放入一个大的搅拌碗中，用手持搅拌器搅拌，直到混合物完全混合，变得轻盈透气。
3. 把金色糖浆均匀地倒入每一个模具中。在上面放上原料混合物，放入烤箱烤20分钟，直到完全熟透。
4. 从烤箱中取出，让布丁在模子里稍微冷却一下即可食用。

法式焦糖布丁

5 分钟 | 35 分钟 | 279 千卡 / 份

很难相信法式焦糖布丁能被写进这本书，但它就在这里，通过替换一些经典食材，可以少摄取一些热量，同时又不影响口味。

这将成为晚餐聚会或学校之夜的最爱——一道你可以尽情享用而不必担心过度沉迷的甜点。

特殊场合

6 人份

400 毫升脱脂牛奶
2 个大号鸡蛋加 2 个大号蛋黄
2 茶匙香草酱或香草精
4 汤匙颗粒状甜味剂
6 茶匙砂糖

1. 烤箱预热至 190℃。将 6 个耐高温模具放入一个大号的深烤盘中。
2. 把牛奶、鸡蛋、蛋黄、香草酱和甜味剂放在一个大罐子里，充分搅拌均匀——最好不要混入空气，所以只要用叉子轻轻搅拌，直到所有原料完全混合。
3. 把混合物均匀地倒入模具，然后小心地在烤盘里装满开水，直到水位到达模具边缘的一半位置。放入烤箱中烤 35 分钟，或直到鸡蛋混合物凝固为止。
4. 从烤箱中取出烤盘，放置一旁冷却。
5. 冷却好后，将一茶匙砂糖撒在每一个焦糖布丁上，轻轻摇动，使糖盖住顶部。用喷枪把糖熔化，然后等糖变硬，形成一个脆脆的顶部，再上桌食用。

醋栗“傻瓜”

10 分钟（加上冷却时间） | 10 分钟 | 249 千卡 / 份

又甜又刺激，醋栗是一道不错的奶油“傻瓜”的完美选择。“傻瓜”是一个很好的名字，因为它们会让你误认为它们是多脂的奶油。相反，这个食谱使用了夸克芝士，一种原味软芝士，它在拥有低脂肪的同时能给菜肴带来丰富的奶油味。

特殊场合

2 人份

200 克醋栗
2 汤匙加 2 茶匙粒状甜味剂
120 克夸克芝士
120 克脱脂希腊酸奶
2 茶匙无糖接骨木花甜酒
薄荷叶，待用（可选）

1. 把醋栗放在平底锅里，盖上盖子，小火煮大约 10 分钟，直到它们变软并开始散开。熄火加入 2 汤匙甜味剂，待其冷却。
2. 在碗里把夸克芝士和酸奶搅拌到一起，然后加入冷却的醋栗、接骨木花甜酒和剩下的 2 茶匙甜味剂。放在冰箱里冷藏 30 分钟，然后分成两碗，如果你喜欢，可以用薄荷叶装饰。

苹果卷

10 分钟 | 10 分钟 | 278 千卡 / 份

当我们第一次把这个食谱放在网站上时，引起了不小的轰动。以至于某品牌的玉米饼都卖光了！因为这道菜在减少热量的前提下，依然保持糕点一样的美味。

特殊场合

使用无麸质卷饼

1 人份

1 个用来烤的苹果，去皮切碎
1/2 茶匙肉桂粉
2 茶匙粒状甜味剂，额外备一些用于撒在表面
1 汤匙水
2 茶匙肉末
1 个低热量玉米饼
1 个中号鸡蛋，打散
低卡喷雾油

1. 将苹果、肉桂粉、甜味剂和水放入一个可入微波炉使用的碗中搅拌均匀。盖上保鲜膜，放入微波炉，高火加热2分钟，或直到苹果开始变软，但仍有嚼劲为止。
2. 把碗里多余的水沥干，然后称出60克熟苹果，拌入肉馅中（剩下的食材可以改天再用）。
3. 烤箱预热至200°C。下一个阶段有点麻烦，所以后面会给出步骤图（260~261页）。
4. 把玉米饼折成三等份。用力按下去，这样当你展开它时，就能看到折痕。打开玉米饼，对折。你应该能看到所有的折痕。
5. 用一把锋利的刀，从底部大约两个手指宽度的地方开始，从三折的折痕处划开（你应该最终切出6~8条），玉米饼的顶部和底部留下一些不划。
6. 打开玉米饼，刷上打发好的鸡蛋液，饼的边缘部分多刷些。用勺子把苹果混合物舀在饼的中间。折叠饼的顶部和底部，然后从离你最近的一端开始，将左下角的饼条向右上角折叠，然后将右下角的饼条向左上角折叠。交替折叠剩余的饼条，直到所有馅料被包住。最后在表面撒一点甜味剂。
7. 在烤盘上喷上低卡喷雾油，把包好的饼放进烤箱烤10分钟或直到其变成金黄色。从烤箱中取出，趁热食用。

小贴士

你可以在苹果卷放入烤箱之前把它们冷冻起来。想要吃的时候，在烘烤前取出解冻。

如何制作
步骤一

如何制作
步骤二

如何制作
步骤三

如何制作
步骤四

椰林飘香烤米布丁

5 分钟 | 1 小时 45 分钟 | 298 千卡 / 份

这看起来像是一个奇怪的组合，直到你意识到椰子和菠萝的味道是为彼此而准备的！你会惊叹于这道温暖又好吃的米布丁的热量如此之低，口感如此细腻、如此美味，这正是我们在减肥时梦寐以求的食谱。

特殊场合

2 人份

低卡喷雾油
100 克意大利烩饭米
2 茶匙粒状甜味剂
600 毫升椰奶（或其他乳制品替代品）
100 克菠萝，切块
1 个青柠的皮屑

1. 烤箱预热至180℃。在一个直径15厘米（6英寸）的耐高温盘子里喷上低卡喷雾油。
2. 将米、甜味剂和椰奶放入盘中，充分搅拌使甜味剂溶解。盖上锡纸，放入烤箱烤1小时45分钟。
3. 把菠萝块和青柠皮屑在一个碗里混合。
4. 把布丁从烤箱里拿出来（你也可以先让布丁冷却，然后再盖上盖子冷冻起来，以便改天吃的时候再加热）。
5. 准备好后，用勺子把布丁舀入两个碗里，在上面放上菠萝和青柠皮屑混合物。

小贴士

为什么不在菠萝上加一点朗姆酒来增加额外的风味呢？

Bakewell Tarts OMG these are ACE

贝克威尔挞吃起来真是绝了，
它们是王牌！

盖尔

“

黏黏的太妃糖布丁甚至比你在超市里
买的布丁还要好吃！

劳拉

每个人都被巧克力闪电泡芙击中了。
我 13 岁的孩子说它们比商店里卖的好吃。

唐娜

感　谢

写一本书比我们想象的要难，没有那么多优秀的人的帮助是不可能完成这一工作的。首先，我们要对我们在社交媒体上的所有追随者和所有为我们制作食谱的人说一声非常感谢。没有你们，这本书不可能完成。我们很自豪能帮到这么多人。

感谢我们的出版商卡罗尔和玛莎以及蓝鸟团队的其他成员，帮助我们创作这本书。把这本书完成是一段令人兴奋的有趣旅程。

感谢迈克的照片，感谢凯特，让一切看起来如此美妙。同时也要感谢弗洛西在这个过程中的所有帮助。感谢艾玛的出色设计。

我们还要感谢我们的朋友和家人，他们使这本书成为可能。特别感谢劳拉、艾玛和丽莎，感谢你们为这件事付出的时间，感谢你们容忍我们把你们差点儿逼疯！另外还要感谢梅多斯、珍妮和文斯。感谢你们所有人让Pinch of Nom发挥作用，让一切顺利进行。我们很自豪能和你们一起工作。

感谢杰基、特蕾莎、崔西、艾玛B、谢丽尔、小劳拉、吉尔、米歇尔、雪莉、丽贝卡，谢谢你们帮助运营我们的脸书（Facebook）群。我们还要向我们脸书（Facebook）群的每一位成员表示感谢。从分享故事、想法和创意，到分享照片和个人成果，你们从第一天起就信任Pinch of Nom，我们非常感谢你们的支持，这也是我们完成这本书的动力。

我们也要感谢我们神奇的美食品鉴小组，感谢你们为这些食谱提供反馈和建议。我们真的很感谢你们花时间支持这个项目。

感谢鲍里斯、迪玛和利奥教给我们很多。感谢我们的经纪人克莱尔从一开始就相信我们。对苏、葆拉和乔来说，没有你们的灵感，我们就不会在这里。

最后，非常感谢卡斯和保罗对我们全部的支持，感谢你们让我们接管你们的厨房来制作这些菜肴。

关于作者

凯特和凯

Pinch of Nom 的创办者
www.pinchofnom.com

凯特·阿林森和凯·费瑟斯通一起在威拉尔开了一家餐馆，凯特是那里的主厨。他们一起创建了一个名为 Pinch of Nom 的网站教人们如何做饭。他们在上面分享健康的瘦身食谱，如今 Pinch of Nom 是英国访问量最大的美食网站，拥有一个参与度超高的活跃社区，会员超过 150 万。